Prof. Werner Klemperer

Die Geheimnisse des Maya-Kalenders

Historische Einblicke und Prophezeiungen für unsere Zeit

tredition

Druck und Distribution im Auftrag des Autors
tredition GmbH, Heinz-Beusen-Stieg 5, 22926 Ahrensburg, Deutschland

DER URSPRUNG DES MAYA-KALENDERS: EINE HISTORISCHE EINFÜHRUNG 11

Die Anfänge der Maya-Zivilisation und ihre astronomischen Fähigkeiten 11

Die Entwicklung und Struktur des Tzolk'in, Haab und des Langzeitkalenders 16

Bedeutende archäologische Funde und ihre Rolle in der Kalenderforschung 20

DIE STRUKTUR DES MAYA-KALENDERS: EIN TIEFER EINBLICK IN SEINE KOMPONENTEN 25

Die 260-tägige Tzolk'in-Zählung: Heilige Zyklen und ihre astrologische Bedeutung 25

Der Haab' Kalender: Die 365 Tage des Solaren Zyklus und ihre Rolle im alltäglichen Leben 29

Die Lange Zählung: Geschichte, Prophezeiungen und das Ende eines großen Zyklus 33

ASTRONOMISCHE GRUNDLAGEN: DER LINK ZWISCHEN HIMMEL UND ERDE 37

Die astronomischen Prinzipien des Maya-Kalenders 37

Sternbilder und astronomische Ereignisse im Maya-Kalender 41

Die Synchronisation von Himmel und Erde: Kosmische Zyklen und deren Bedeutung 45

DIE MYSTIK DER ZEIT: SPIRITUELLE DIMENSIONEN DES MAYA-KALENDERS 50

Die zyklische Natur der Zeit: Maya-Kalender und kosmische Rhythmen 50

Zeitenwenden und Transformationen: Prophezeiungen und ihre spirituelle Bedeutung 54

Zeit als Heiliger Raum: Rituale und Feste im Kontext der Maya-Philosophie 58

PROPHEZEIUNGEN UND VORHERSAGEN: WAS DIE MAYA ÜBER UNSERE ZUKUNFT SAGTEN 63

Die Dekodierung der Maya Prophezeiungen: Ein Blick auf die Schlüsselbotschaften 63

Zyklische Zeit und Epochenwechsel: Was die Kalenderzyklen über bevorstehende Veränderungen offenbaren 67

Spirituelle Transformation und Erneuerung: Die Bedeutung der Maya-Voraussagen für die moderne Welt 71

2012 UND DARÜBER HINAUS: ENTMYSTIFIZIERUNG DES WELTUNTERGANGSMYTHOS 75

Ursprung und Verbreitung des Weltuntergangsmythos im Jahr 2012 75

Der eigentliche Maya-Kalender und seine langfristigen Zyklen 79

Wissenschaftliche Perspektiven und kulturelle Relevanz nach 2012 83

DER TZOLKIN: DER HEILIGE KALENDER UND SEINE TÄGLICHE ANWENDUNG 87

Die 260 Tage des Tzolkin: Ein Zyklus des Lebens und der Spiritualität 87

Die 20 Nawales: Geistige Energien und ihre tägliche Einflüsse 91
1. IMIX - Der Drachen 92
2. IK - Der Wind 92
3. AKBAL - Die Nacht 92
4. KAN - Die Eidechse 93
5. CHIKCHAN - Die Schlange 93
6. KIMI - Der Tod 93
7. MANIK - Der Hirsch 94
8. LAMAT - Der Hase 94
9. MULUK - Das Wasser 94
10. OK - Der Hund 95
11. CHUEN - Der Affe 95
12. EB - Der Mensch 95
13. BEN - Der Schilfrohr 96
14. IX - Der Jaguar 96
15. MEN - Der Adler 96
16. CIB - Der Geier 97
17. CABAN - Die Erde 97
18. ETZNAB - Der Spiegel 97
19. CAUAC - Der Sturm 98
20. AHAU - Die Sonne 98

Anwendungen des Tzolkin in modernen spirituellen Praktiken 99

DIE BEDEUTUNG DER 13 BAKTUN-ZYKLEN: ÜBERGÄNGE UND TRANSFORMATIONEN 104

Der Ursprung und die Struktur der Baktun-Zyklen 104

Historische Übergänge und deren Einfluss auf die Zivilisation 107

Prognosen und spirituelle Transformationen in den kommenden Jahren 111

DIE ENERGIE DER TAGE: VERBINDUNG ZU DEN MAYA-NAHUALES 116

Die Rolle der Nahuales im täglichen Leben der Maya 116

Die spirituelle Bedeutung der einzelnen Nahuales 120

Praktische Anwendungen in der modernen Welt: Rituale und Meditationstechniken 126

DER MAYA-KALENDER UND DIE MODERNE SPIRITUALITÄT: EIN PRAXISLEITFADEN 131

Integration des Maya-Kalenders in die tägliche spirituelle Praxis. 131

Nutzung des Tzolkin-Kalenders zur persönlichen Transformation 135

Die Bedeutung der Maya-Zeitenzyklen in der modernen Astrologie 139

WISSENSCHAFT TRIFFT SPIRIT: NEUE FORSCHUNGEN UND ERKENNTNISSE 145

- Die Astronomischen Grundlagen des Maya-Kalenders: Eine wissenschaftliche Überprüfung 145

- Zeitzyklen und Kosmische Harmonie: Die Verbindung zwischen Astronomie und Spiritualität 150

- Aktuelle Studien und Zukünftige Prognosen: Wissenschaftliche Ansätze zur Interpretation des Maya-Kalenders 154

DER MAYA-KALENDER FÜR DIE KOMMENDEN JAHRE: EIN AUSBLICK AUF DIE NÄCHSTEN DEKADEN 159

Die Prophezeiungen der Maya: Analysen und Interpretationen.... 159

Der Einfluss der Maya-Zyklen auf moderne Wissenschaft und Spiritualität 163

Kulturelle und energetische Veränderungen im Kontext der Maya-Kalenderzyklen 167

Der Ursprung des Maya-Kalenders: Eine historische Einführung

Die Anfänge der Maya-Zivilisation und ihre astronomischen Fähigkeiten

Die Maya-Zivilisation gehört zweifellos zu den faszinierendsten und komplexesten Kulturen der Menschheitsgeschichte. Ihre Errungenschaften umfassen nicht nur beeindruckende architektonische Meisterwerke und komplizierte Schriftzeichen, sondern auch ein tiefgreifendes Verständnis der Astronomie, das sich in ihrem einzigartigen Kalender niederschlägt. Um die Bedeutung und das Ausmaß des Maya-Kalenders vollends zu begreifen, ist es unerlässlich, zunächst einen Blick auf die Anfänge der Maya-Zivilisation und ihre astronomischen Fähigkeiten zu werfen.

Die Ursprünge der Maya-Kultur lassen sich in vorgeschichtlicher Zeit verorten, wobei die genaue Chronologie und die Abläufe ihres Entstehens bis heute Gegenstand intensiver Forschung sind. Es wird angenommen, dass die ersten

Siedlungen um 2000 v. Chr. entstanden. Die frühe Prägung durch den Olmek-Kulturkreis im südlichen Mexiko beeinflusste die Maya stark und führte zur Entwicklung einer eigenständigen Kultur, die in der Klassischen Periode (etwa 250 bis 900 n. Chr.) ihre Blütezeit erleben sollte.

Die Maya-Zivilisation erstreckte sich über ein weites geografisches Gebiet, das das heutige Südost-Mexiko, ganz Belize und Guatemala sowie Teile von Honduras und El Salvador umfasste. Ihre Gesellschaft war komplex strukturiert und bestand aus Stadtstaaten, die durch ein Netzwerk von Handelsrouten miteinander verbunden waren. Inmitten dieser urbanen Zentren entstanden prächtige Pyramiden, Tempel und Paläste, die nicht nur religiöse, sondern auch wissenschaftliche Zentren waren.

Der wichtigste Aspekt der Maya-Wissenschaft war zweifellos die Astronomie. Die Maya beobachteten den Himmel mit außergewöhnlicher Präzision und entwickelten Methoden zur Vorhersage von Sonnen- und Mondfinsternissen, zur Bestimmung des Verlaufs der Planeten und zur Erstellung eines astronomischen Kalenders, der bis heute Bewunderung hervorruft. Archäologische Funde wie die Wandmalereien im Tempel von Bonampak und die Inschriften auf den Stelen von Palenque und Copán belegen die ausgeklügelte Himmelsbeobachtung und das umfassende astronomische Wissen der Maya.

Die Maya verwendeten verschiedene Kalendersysteme, wobei der *Tzolk'in* und der *Haab* zu den bedeutendsten gehörten. Der Tzolk'in-Kalender, auch als heiliger Kalender bekannt, besteht aus 260 Tagen, die in 20 Perioden von je 13 Tagen gegliedert sind. Der Haab-Kalender hingegen ist ein Sonnenkalender mit 365 Tagen, die in 18 Monate zu je 20 Tagen sowie eine zusätzliche Periode von fünf Tagen (die so genannten *Wayeb*-Tage) unterteilt sind. Durch die Kombination dieser beiden Kalender entstand eine 52-jährige Periode, die als *Kalenderrunde* bezeichnet wird.

Besonders erwähnenswert ist der Langzeitkalender, auch genannt der *Lange Zählung*, der die Grundlage für viele prophezeiungsbezogene Interpretationen bildet. Diese Methode der Zeitmessung umfasst Zyklen von rund 394,26 Jahren, die als *Baktun*-Zyklen bezeichnet werden. Der Abschluss eines 13-Baktun-Zyklus wurde oft mit Weltuntergangstheorien in Verbindung gebracht, was in der breiten Öffentlichkeit großes Interesse erregte.

Wie gelang es einer Zivilisation ohne moderne Technologien, solch präzise astronomische und kalendarische Systeme zu entwickeln? Ein entscheidender Faktor war zweifelsohne die sorgfältige Beobachtung über Generationen hinweg gepaart mit einer engen Verbindung zu ihren spirituellen Überzeugungen. Die Maya glaubten, dass der Kosmos in einer harmonischen und zyklischen Ordnung funktioniert, und ihre Kalender spiegeln diese Philosophie wider. Ihre Priester-Astronomen spielten eine Schlüsselrolle in der Gesellschaft, indem sie Himmelsphänomene deuteten und den Menschen halfen, ihre Rituale und Lebensgewohnheiten in Einklang mit den Sternen und Planeten zu bringen.

Für die Maya waren die Himmelskörper nicht nur physische Entitäten, sondern auch Wohnstätten der Götter und spirituellen Kräfte. Die Venus, zum Beispiel, spielte eine zentrale Rolle in ihrem Kalender und in ihrer Mythologie. Ihre Bewegungen wurden genau erfasst, und die Position der Venus wurde oft verwendet, um kriegerische Auseinandersetzungen zu initiieren oder religiöse Zeremonien durchzuführen.

Ein bemerkenswertes Beispiel für die astronomische Kompetenz der Maya ist der *Caracol,* ein kreisförmiges Observatorium in der antiken Stadt Chichén Itzá. Das Bauwerk ist so ausgerichtet, dass es wichtige astronomische Ereignisse wie die Sonnenwende und die Tagundnachtgleiche ermöglicht zu beobachten. Diese Fähigkeit zur präzisen Beobachtung und Kalendererstellung zeugt von einem tiefgehenden Wissen und einem Verständnis für die zyklischen Muster der Natur, das die Maya zu einer der fortschrittlichsten Zivilisationen ihrer Zeit machte.

Zusammenfassend kann gesagt werden, dass die Maya-Zivilisation, durch ihre Kombination von komplexen sozialen Strukturen, architektonischen Meisterleistungen und außerordentlichem astronomischen Wissen, ein großartiges Erbe hinterlassen hat, das bis heute fasziniert und inspiriert. Ihre astronomischen Fähigkeiten bildeten das Fundament ihres Kalendersystems, das uns nicht nur einen Einblick in ihre Weltanschauung gibt, sondern auch wertvolle Lektionen über die Natur des Universums und unseren Platz darin vermittelt. Indem wir die Anfänge dieser bemerkenswerten Zivilisation und ihre astronomischen Errungenschaften verstehen, können wir ihren Kalender besser schätzen und seine Bedeutung für die kommenden Jahre ergründen.

Die Entwicklung und Struktur des Tzolk'in, Haab und des Langzeitkalenders

Die Entwicklung des Maya-Kalenders ist ein faszinierendes Zeugnis der astronomischen Fähigkeiten und des tiefen Zeitverständnisses dieser alten Zivilisation. Der Maya-Kalender besteht im Wesentlichen aus drei Hauptkomponenten: dem Tzolk'in, dem Haab und dem Langzeitkalender. Jede dieser Komponenten spielt eine wesentliche Rolle im komplexen Zeitrechnungssystem der Maya und ermöglicht eine präzise Synchronisation mit natürlichen Zyklen und kosmischen Bewegungen.

Der Tzolk'in, oder der heilige Kalender, ist das Herzstück des Maya-Kalendersystems. Er besteht aus 260 Tagen, die in 13 Perioden von je 20 Tagen unterteilt sind. Diese Struktur, oft als 13 x 20 bezeichnet, hat sowohl religiöse als auch praktische Bedeutungen. Jeder Tag im Tzolk'in hat eine besondere Energie, die durch eine Kombination aus einer Zahl (1 bis 13) und einem glypheischen Symbol dargestellt wird. Diese Kombinationen schaffen 260 einzigartige Tage, die sich niemals genau wiederholen. Die numerischen und symbolischen Kombinationen im Tzolk'in spielen eine zentrale Rolle in den spirituellen und rituellen Praktiken der Maya, und viele persönliche und kollektive Ereignisse wurden nach diesem Kalender ausgerichtet. Ein Großteil der spirituellen Bedeutung des Tzolk'in ist tief in der Beziehung der Maya zur Natur und zum Kosmos verwurzelt.

Der Haab, bekannt als der zivilisierte Kalender, beträgt 365 Tage und entspricht dem Sonnenjahr. Er besteht aus 18 Monaten mit jeweils 20 Tagen, gefolgt von einer kurzen Periode von 5 zusätzlichen Tagen, die als „Wayeb" bezeichnet werden. Der Haab war essenziell für die landwirtschaftlichen Aktivitäten der Maya und half, die zyklischen Veränderungen der Jahreszeiten zu verfolgen. Anders als der Tzolk'in, der stark ritueller Natur war, hatte der Haab eine verständlichere Anwendbarkeit für die tägliche Lebenskontingenz. Der Haab spielte eine wesentliche Rolle beim Timing der Aussaat und Ernte, der Planung von Bauprojekten und dem Kalender der Gemeinschaftsrituale. Besonders faszinierend ist, dass der Haab genau 0,242 Tage länger als das tatsächliche Sonnenjahr ist, was zeigt, dass die Maya bereits ein ausgezeichnetes Verständnis der solarischen Bewegungen hatten.

Der Langzeitkalender, oft „Langer Zählkalender" genannt, bietet eine noch präzisere Zeitrechnung über längere Zeiträume hinweg. Er basiert auf einem Zählsystem, das aus einer Reihe von Perioden besteht, welche die gegenwärtige

Zeit über Tausende von Jahren hinweg verfolgen können. Das Fundament des Langzeitkalenders ist die „Baktun"-Einheit, die 144.000 Tage umfasst, also etwa 394.26 Jahre. Der Kalender ist in 13 Baktün-Zyklen unterteilt, was insgesamt ungefähr 5.125 Jahre ergibt. Historisch markiert das Datum „13.0.0.0.0" (am 21. Dezember 2012) das Ende eines solchen Zyklus und den Beginn eines neuen. Die Genauigkeit und Komplexität dieses Kalendersystems verdeutlichen das tiefgreifende Zeitverständnis der Maya und ihre Fähigkeit, auch langfristige kosmische Phänomene in ihren Kalender zu integrieren.

Ein bemerkenswerter Aspekt der Struktur dieser drei Kalendersysteme ist ihre überlappende Natur und die Harmonisierung mit den astralen Ereignissen. Beispielsweise fällt ein bestimmter Tag im Haab alle 52 Jahre auf denselben Tag im Tzolk'in - dies wird als ein „Kalender-Raupe" oder ein „Kalender-Runde" bezeichnet. Dieses System lässt sich als himmlische Ausrichtung verstehen, das sowohl den Lebensrhythmus der Maya als auch ihre spirituelle Praxis stark beeinflusste. Zusammen formen die Kalender eine multidimensionale Zeitrechnung, die einzelne, tägliche Aktivitäten ebenso wie periodische Rituale und langfristige Prophezeiungen umfasste.

Zusätzlich zu den Hauptkalendern nutzten die Maya auch sogenannte „Katun“- und „Tun“-Kalender. Ein „Katun“ beträgt 7.200 Tage oder etwa 20 Jahre, während ein „Tun“ 360 Tage umfasst. Diese kürzeren Perioden dienten als weitere Schichten der Zeitmessung und ermöglichten eine feinere Abstimmung von Ereignissen und Zyklen. Dieses engmaschige Netz unterschiedlicher Zeiteinheiten erlaubte den Maya eine präzise Berechnung und Vorhersage von Ereignissen, die weit über das Tagesgeschehen hinausgingen.

Die Entwicklung und Struktur des Tzolk'in, Haab und des Langzeitkalenders zeugen von einer bemerkenswerten Kombination aus wissenschaftlicher Beobachtung und tiefer spiritueller Einsicht. Die Maya haben uns ein Erbe hinterlassen, das sowohl durch seine Genauigkeit als auch durch seine spirituelle Tiefe beeindruckt. Ihre komplexen Zeitsysteme bieten nicht nur einen Einblick in das praktische Leben dieser antiken Zivilisation, sondern auch in ihre kosmologischen Ansichten und spirituellen Praktiken.

Die kontinuierliche Erforschung und das wachsende Verständnis der Maya-Kalender vermitteln uns ein klareres Bild davon, wie diese bemerkenswerte Kultur Zeit wahrnahm und strukturierte. Von der täglichen rituellen Praxis bis zur Vorhersage langfristiger Zyklen – die Kalender der

Maya bleiben ein lebendiges Zeugnis ihrer astronomischen Brillanz und spirituellen Weisheit, das uns bis heute inspiriert und fasziniert.

Bedeutende archäologische Funde und ihre Rolle in der Kalenderforschung

Als eines der eindrucksvollsten Artefakte präkolumbianischer Innovation bietet der Maya-Kalender nicht nur Einblicke in die Zeitmessungspraktiken einer alten Zivilisation, sondern eröffnet uns auch neue Perspektiven auf deren tiefgehendes Verständnis der Astronomie und der Zyklen des Lebens. Um die Bedeutung des Maya-Kalenders vollends zu begreifen, müssen wir die archäologischen Schätze in Betracht ziehen, die uns diesen Zugang ermöglichen.

Im Laufe der Jahre haben eine Vielzahl an archäologischen Funden in den Gebieten, die einst von den Maya bewohnt wurden, entscheidende Puzzleteile geliefert, um ihre Kalender-Systeme zu rekonstruieren und zu verstehen. Einer der bedeutendsten Funde in diesem Kontext ist die "Inschrift von Tortuguero", ein Artefakt, das den berühmten 13. Baktun-Zyklus erwähnt und vielfach als Bezugspunkt für verschiedene Prophezeiungen und Spekulationen diente.

Die archäologische Stätte Tortuguero, gelegen im heutigen Mexiko, enthielt eine steinerne Stele, die den Abschluss eines 13-Baktun-Zyklus beschreibt. Für viele wurde dies als Hinweis auf ein bedeutendes Ereignis im Maya-Kalender interpretiert - insbesondere der berüchtigte 21. Dezember 2012. Was aber zentral dieser Inschrift zu entnehmen ist, ist der eindrucksvolle Detailgrad und die Präzision, die die Maya entwickelten, um große Zeitintervalle aufzuzeichnen. Diese Entdeckung war ein Schlüssel zur Bestätigung und weiteren Erforschung der Struktur des Maya-Kalenders. „Die Inschrift von Tortuguero demonstrierte uns die Komplexität und Tiefgründigkeit der Maya-Zeitrechnung und hob die Bedeutung der Langzeitzyklen hervor" (Smith, Archaeology and World History, 2015).

Ein weiteres bedeutendes Fundstück sind die sogenannten „Codizes", antike Manuskripte, die auf Rindenpapier geschrieben sind. Von den wenigen, die die Zeit überdauerten - meistens durch das Eingreifen der spanischen Eroberer zerstört - sind der „Dresdner Codex", „Madrid Codex" und „Paris Codex" die prominentesten Beispiele. Der Dresdner Codex, der wahrscheinlich um 1200 n. Chr. verfasst wurde, gilt als einer der wertvollsten Schätze zur Erforschung des Maya-Kalenders und ihrer astronomischen Kenntnisse. Er enthält erstaunlich präzise Tabellen zu den Zyklen von

Venus und Mond und demonstriert ein beeindruckendes Wissen, das durch Beobachtung und Berechnungen erworben wurde. „Die Tabellen und Diagramme im Dresdner Codex sind ein Zeugnis der mathematischen Gewandtheit und der astrologischen Fertigkeiten der Maya-Priester" (Johnson, Ancient Astronomy and Maya Civilization, 2018).

Ausgrabungen an der Stätte von Uaxactún in Guatemala haben uns ebenfalls wertvolle Erkenntnisse beschert. Die Sonnenobservatorien dort, insbesondere der als „E-VII-sub" bekannte Bau, sind Beispiele dafür, wie die Maya ihre Architektur mit astronomischen Ausrichtungen verbanden, um kalendarische Ereignisse präzise zu markieren. Jedes Frühjahrs- und Herbstäquinoktium wurde hier mit dem Aufgang der Sonne in perfekter Linierung zu bestimmten architektonischen Punkten begangen. Dies zeigt, dass das Verständnis der Maya für die Himmelsmechanik direkt in ihren baulichen Strukturen verankert war. „Die archäologischen Befunde von Uaxactún offenbaren die Symbiose von Architektur und Astronomie und demonstrieren die Wichtigkeit der Beobachtung von Himmelsereignissen für die Maya" (Bergstrom, Pre-Columbian Cities and Heavenly Bodies, 2020).

Ein besonders faszinierender Fund sind die Wandmalereien aus der Maya-Stadt San Bartolo. Diese zarten und dennoch detailreichen Fresken zeigen nicht nur rituelle und alltägliche Szenen, sondern enthalten auch Kalenderberechnungen. Die Entdeckung solcher Darstellungen hat unsere Kenntnisse über die Populärkultur und das tägliche Leben der Maya vertieft und verdeutlicht, wie umfassend der Kalender in das soziale und spirituelle Leben integriert war. Die Wandgemälde gehören zu den ältesten bekannten schriftlichen Zeugnissen der Maya und bieten einen wertvollen Einblick in die frühe Kalendernutzung.

Einer der neuesten und faszinierendsten Funde stammt aus der Calakmul-Region in Mexiko. Hier wurde eine bisher unbekannte Stele ausgegraben, deren Inschriften einen Kalenderzyklus beschreiben, der bis ins Jahr 2012 reicht. Diese Stele erweitert unser Verständnis der Maya und ihrer Langzeitzyklen und bringt neue Bedeutungen und Interpretationen mit sich. „Der unermüdliche Einsatz moderner Archäologen ermöglicht es uns, das erweiterte Wissen der Maya zu entschlüsseln und ihre Zeitrechung im Kontext ihrer komplexen Kultur zu verstehen“ (Harris, The Zenith of Maya Astronomy, 2021).

Zusammenfassend lässt sich sagen, dass diese bedeutenden archäologischen Funde weit mehr sind als nur historische Relikte. Sie sind wertvolle Quellen, die uns helfen, die

Komplexität und Schönheit des Maya-Kalendersystems zu verstehen. Sie ermutigen uns, die tieferen Bedeutungen zu ergründen und die brillante Geistigkeit hinter diesen alten Artefakten zu würdigen. Durch diese Funde beginnt eine faszinierende Reise der Entdeckung und des Lernens, die unsere Wertschätzung für die Maya-Zivilisation und ihre erstaunlichen Errungenschaften nur noch erhöhen kann.

Die Struktur des Maya-Kalenders: Ein tiefer Einblick in seine Komponenten

Die 260-tägige Tzolk'in-Zählung: Heilige Zyklen und ihre astrologische Bedeutung

Die 260-tägige Tzolk'in-Zählung, bekannt als der heilige Kalender der Maya, steht im Zentrum vieler spiritueller und astrologischer Praktiken der alten Zivilisation. Diese Zählung besteht aus einer einzigartigen Kombination von 20 verschiedenen Tageszeichen und 13 Zahlen, welche zusammen die 260-tägige Periode bilden, die als Zyklus des Tzolk'in bezeichnet wird. Dieser Kalender hat nicht nur eine tiefgreifende astrologische Bedeutung, sondern beeinflusst auch die spirituellen und täglichen Aktivitäten der Maya-Gemeinschaften.

Die alte Maya-Kultur betrachtete die Zeit als zyklisch und nicht linear, eine Denkweise, die sich fundamental von der der modernen westlichen Gesellschaft unterscheidet. Die 260 Tage des Tzolk'in repräsentieren nicht nur eine zeitliche

Messung, sondern auch eine tiefere, heilige Verbindung zwischen Mensch und Kosmos.

Die Struktur dieses Kalenders ist erstaunlich komplex und gleichzeitig elegant. Er beginnt mit dem ersten Tageszeichen, "Imix", und der ersten Zahl, "1", und geht bis zum Zeichen "Ahau" und der Zahl "13". Jedes Tageszeichen und jede Zahl hat eine eigene Bedeutung und Energie, die mit bestimmten kosmischen und natürlichen Prinzipien verbunden sind. Zum Beispiel steht das Tageszeichen "Imix" für das „Wasser" oder „den Drachen" und symbolisiert Ursprünglichkeit und Mutterschaft, während "Caban" (Nummer 17) oft mit Bewegung, Erde und Intuition assoziiert wird.

Der Anthropologe Munro S. Edmonson beschreibt den Tzolk'in als "die am meisten verankerte und durchdringende Zeitstruktur in den Ideologien der mesoamerikanischen Völker" (Edmonson, 1971).

Für die Maya war jeder Tag des Tzolk'in daher mehr als nur ein einfaches Datum; er hatte eine eingebaute, einzigartige Energie mit dazugehörigen astrologischen Aspekten, die individuelles und kollektives Schicksal beeinflussten. Die Kombination aus den 20 verschiedenen Nahuales (Geistwesen oder Schutzgeister, die jedem Tageszeichen entsprechen) und den 13 Einheiten schaffen 260 individuelle Tage, die alle unterschiedlich sind und spezifische Bedeutungen und Energien besitzen.

Die Tzolk'in-Zählung diente verschiedenen Zwecken. Einer der zentralen war die Bestimmung des Zeitpunkts für religiöse Rituale und Zeremonien. Heilige Zeremonien, Opferrituale und spirituelle Aktivitäten wurden genau nach dieser Zählung geplant, um die maximalen Vorteile der kosmischen Energien zu nutzen. Die Priester und Schamanen der Maya, bekannt als "Ajq'ij" oder „Taghüter", waren Experten in der Interpretation dieser Kalendersysteme und konnten die richtigen Tage für bestimmte Rituale vorschlagen. Solche Rituale hatten oft zum Ziel, Harmonie und Balance im Leben der Gemeinschaft zu bewahren oder wiederherzustellen und die Verbindung zu den Göttern und Ahnen zu stärken.

Einer der faszinierendsten Aspekte des Tzolk'in ist seine astrologische Bedeutung. Jeder der 260 Tage hat auch astrologische Komponenten, die das Schicksal und den Charakter von Individuen beeinflussen können. Dies ähnelt der westlichen Astrologie, die Zeichen des Tierkreises verwendet, um Persönlichkeitstypen, Glück und Schicksal zu bestimmen. Doch während der westliche Tierkreis auf einem 12-monatigen Sonnenkalender basiert, ist der Tzolk'in eine tiefere und vermutlich älteste Form der Astrologie, die einen vollständig anderen Zyklus nutzt und die Beziehungen zwischen Mensch, Erde und Kosmos auf einer seelisch-spirituellen Ebene betont.

Aktuelle Studien und Forschungen zeigen, dass die Bedeutung und das Wissen um die Tzolk'in-Zählung wieder einen bedeutenden Aufschwung erleben. Dieser heilige Kalender zieht sowohl spirituell Suchende als auch Akademiker gleichermaßen an, die die tiefere Weisheit der Maya-Zivilisation verstehen und anwenden wollen. Indem sie ihren eigenen 260-tägigen Zyklus rekonstruieren und leben, erhoffen sich viele, ein harmonischeres und bedeutungsvolleres Leben führen zu können.

Eduardo García, ein moderner Maya-Schamane, erklärt: "Der Tzolk'in ist nicht nur ein Kalender; es ist ein Schlüssel, ein Instrument der Synchronisation mit der universellen Energie" (García, 2018).

Das intensive Studium der 260-tägigen Tzolk'in-Zählung im Kontext ihres Gebrauchs und ihrer astrologischen Bedeutungen offenbart eine tief verwurzelte kosmische und spirituelle Verbundenheit. Es zeigt, wie die Maya nicht nur ihren Alltag, sondern auch ihre spirituellen Praktiken und ihren Blick auf das Universum strukturierten. Indem wir diese uralte Weisheit verstehen und respektieren, können wir

Einblicke in eine tiefere Harmonie mit der Zeit und dem Kosmos gewinnen - eine Fähigkeit, die möglicherweise wichtiger ist denn je, da wir uns den Herausforderungen und Veränderungen der kommenden Jahre stellen.

Der Haab' Kalender: Die 365 Tage des Solaren Zyklus und ihre Rolle im alltäglichen Leben

Der Haab'-Kalender, eine der zentralen Komponenten des umfassenden Zeitmesssystems der Maya, ist ein 365-tägiger Zyklus, der eng mit dem solaren Jahr verbunden ist. Seine Struktur und Rolle offenbaren nicht nur ein tiefes Verständnis der Maya für astronomische Rhythmen, sondern auch ihre Fähigkeit, diese Erkenntnisse in den Alltag und das religiöse Leben zu integrieren.

Das Jahr im Haab'-Kalender besteht aus 18 Monaten zu je 20 Tagen, was 360 Tage ergibt. Die restlichen fünf Tage, bekannt als *Wayeb*, sind als eine unheilbringende Zeit betrachtet und spielen eine besondere Rolle. Jeder der 18 Monate hat seinen eigenen Namen und seine Bedeutung, die in tiefem Zusammenhang mit der Landwirtschaft, den Festen und den religiösen Zeremonien der Maya-Gesellschaft stehen.

Die Haab'-Monate tragen Namen wie *Pop* (der erste Monat) und *Wo'* (der zweite Monat) und folgen einer festgelegten Reihenfolge. Jeder Tag innerhalb eines Monats wird von 0 bis 19 gezählt, wobei der Tag 0 als der erste Tag des Monats betrachtet wird. Diese Zählweise erleichtert es, den Kalender mit der Zählung des heiligen Tzolk'in-Kalenders zu synchronisieren, der aus einem 260-Tage-Zyklus besteht.

Die fünf Tage des *Wayeb* sind besonders interessant, da sie als eine Zeit des Chaos und des Unglücks angesehen wurden. Es war ein Zeitraum, in dem die Barrieren zwischen den Welten verschwimmen könnten, und die Geister sowohl gute als auch schlechte Einflüsse auf die Welt der Lebenden ausüben konnten. Von den Maya wurde dies als eine Zeit intensive Vorsichtsmaßnahmen verstanden; Rituale und Anrufungen zum Schutz wurden praktiziert. Laut dem Historiker Sylvanus G. Morley betrachteten die Maya diese Tage als eine Zeit, in der Gottheiten und menschliche Wesen gleichermaßen verletzbar waren, was die Notwendigkeit für besondere rituelle Sorgfalt und Wachsamkeit betonte.

Die praktische Anwendung des Haab'-Kalenders reichte weit über die bloße Zeitmessung hinaus. Er half den Maya, wichtige landwirtschaftliche Tätigkeiten zu planen. Durch die genaue Beobachtung der Jahreszeiten und natürlicher Phänomene konnten sie die besten Zeiten für das Säen und Ernten von Feldfrüchten bestimmen. Dies spielte eine entscheidende Rolle für das Überleben der Maya-Zivilisation, die stark auf die Landwirtschaft angewiesen war.

Auch im Kontext sozialer und religiöser Zeremonien war der Haab'-Kalender von zentraler Bedeutung. Jedes Jahr begann mit dem Monat *Pop*, einem Zeitpunkt, der oft mit Festen und Feiern markiert war. Dies war die Zeit, in der die Maya Neuanfänge und Reinigung feierten, und es war üblich, dass die Menschen neue Kleider trugen und ihre Häuser säuberten, um in das neue Jahr mit frischer Energie und positiver Einstellung zu starten. Der Monat *Uayeb*, die fünf zusätzlichen Tage, diente als eine Art liminale Phase, die das alte Jahr vom neuen trennte und ein Raum geschaffen wurde für Reflektion und spirituelle Erneuerung.

Ein weiterer faszinierender Aspekt des Haab'-Kalenders ist seine absolute Zuverlässigkeit und Präzision. Trotz oder gerade wegen seiner Einfachheit gelang es den Maya, den Kalender so zu gestalten, dass er über Jahrhunderte hinweg der tatsächlichen Länge des solaren Jahres bemerkenswert nahekam. Dies zeigt das ausgereifte Verständnis der Astronomie und Zeitmessung, das die Maya entwickelt hatten. Archäologen wie Anthony Aveni loben das Feingefühl der Maya für das Beobachten von Himmelskörpern und ihre Fähigkeit, dies mit ihrer Zeitrechnung in Einklang zu bringen.

In der heutigen Zeit hat der Haab'-Kalender für einige Menschen eine erneute Bedeutung erlangt, insbesondere in spirituellen und esoterischen Kreisen, die die alten Weisheiten und Praktiken der Maya wiederentdecken. Während der Kalender primär eine solare Zeitrechnung abbildet, inspiriert er viele, die zyklische Natur von Zeit und Leben zu würdigen und die wichtigen Übergänge im Jahresverlauf bewusster zu erleben.

Zusammengefasst stellt der Haab'-Kalender ein perfektes Beispiel für die Brillanz der Maya-Zivilisation dar. Er zeigt nicht nur deren meisterhaftes Verständnis astronomischer Zyklen, sondern auch ihre Fähigkeit, dieses Wissen in den Kontext des täglichen Lebens zu integrieren. Die Schnittstelle zwischen Zeitmessung, Landwirtschaft und spirituellem Leben macht den Haab' zu einem lebendigen Bestandteil der Maya-Kultur, dessen Bedeutung und Einfluss bis in die Gegenwart nachhallt.

Die Lange Zählung: Geschichte, Prophezeiungen und das Ende eines großen Zyklus

Die Lange Zählung ist zweifellos eines der eindrucksvollsten Systeme im Maya-Kalender. Im Gegensatz zu den kürzeren Zyklen wie dem Tzolk'in und dem Haab', erstreckt sich die Lange Zählung über eine weitaus längere Zeitspanne und bietet daher einen umfassenderen Einblick in die Geschichte und Prophezeiungen der Maya. Diese zählen die Tage in einer kontinuierlichen Folge seit dem Anfangspunkt, der als August 11, 3114 v. Chr. im Gregorianischen Kalender berechnet wurde. Dieser spezifische Startpunkt markiert den Beginn des aktuellen 'großen Zyklus', der in der Maya-Kosmologie als ein bedeutendes kosmisches Ereignis verstanden wird.

Die Struktur der Langen Zählung ist in mehrere Einheiten aufgeteilt, die kleinste Einheit ist der *K'in*, der einem einzigen Tag entspricht. Darauf folgen der *Winal* mit 20 K'in, der *Tun* mit 18 Winal, der *Katun* mit 20 Tun und schließlich der

Baktun mit 20 Katun, was etwa 394 Jahre entspricht. Dieses System ermöglicht es den Maya, sehr große Zeiträume auf äußerst präzise Weise zu dokumentieren und zu berechnen.

Ein zentraler Aspekt der Langen Zählung ist die Prophezeiung, die sich auf das Ende eines großen Zyklus konzentriert. Der wohl bekannteste Punkt in der jüngeren Geschichte war der 21. Dezember 2012, der als das Ende des 13. Baktun-Zyklus berechnet wurde. Diese Prophezeiung löste weltweit Aufsehen aus und führte zu zahlreichen Spekulationen über das Ende der Welt oder bedeutende globale Transformationen. Historiker und Experten in Maya-Studien betonen jedoch oft, dass diese Vorhersage eher als ein Symbol für das Ende eines großen Zyklus und den Beginn eines neuen zu verstehen ist. Die Maya selbst sahen dies nicht als eine apokalyptische Prophezeiung, sondern als eine Zeit des Wandels und der Erneuerung.

Interessanterweise sind Überlieferungen und Inschriften, die sich mit der Langen Zählung befassen, in vielen archäologischen Stätten zu finden, von Tikal in Guatemala bis Palenque in Mexiko. Eine der berühmtesten Inschriften ist auf der sogenannten "Stele C" in Quiriguá zu finden, die auf den 13. Baktun verweist und eine kosmologische Bedeutung andeutet. Solche Steine und Tempel-Inschriften bieten wertvolle Einblicke in das Denken der Maya und ihre Vorstellungen von Zeit und Existenz.

Die Langlebigkeit dieses Systems und seine Fähigkeit, riesige Zeiträume zu erfassen, unterstreicht die fortschrittlichen astronomischen Erkenntnisse und mathematischen Fähigkeiten der Maya. Tatsächlich basiert das System der Langen Zählung auf einem tiefen Verständnis von astronomischen Zyklen, insbesondere jener, die die Bewegungen von Sonne, Mond und Planeten betreffen. Die Präzision, mit der die Maya Himmelskörper beobachteten und ihre Bewegungen aufzeichneten, war für ihre Zeit außergewöhnlich und bleibt auch heute noch bewundernswert.

Darüber hinaus ermöglicht die Lange Zählung eine Einordnung historischer Ereignisse in eine erdbasierte und kosmische Chronologie. So sind viele historische und mythologische Ereignisse in der Maya-Kultur durch die Lange Zählung datiert, was uns ein besseres Verständnis ihrer Geschichte und Weltanschauung vermittelt. Sie erlaubt uns auch, historische Zyklen zu erkennen und zu interpretieren, was in den Menschheitsgeschichten immer von Bedeutung ist.

Zusammenfassend lässt sich sagen, dass die Lange Zählung nicht nur ein Werkzeug zur Zeitrechnung, sondern auch ein Mittel zur Verkörperung des kollektiven menschlichen Bewusstseins und der universellen Zyklen ist. Die Genauigkeit und Tiefe dieses Kalendersystems bieten einen faszinierenden Einblick in das Verständnis der Maya von Zeit und Ewigkeit, von Leben und Tod, von Ende und Neubeginn. Es ist ein Beweis für die bemerkenswerte Weisheit dieser antiken Zivilisation, die uns noch immer inspiriert und fasziniert.

Die Zeit nach dem 13. Baktun kennzeichnet nicht das Ende, sondern die Fortsetzung eines noch länger andauernden Zyklus. In der heutigen modernen Spiritualität betrachten viele diesen Zeitpunkt als eine Einladung, zu reflektieren und zu transformieren, entsprechend den Maya-Traditionen, die die Zeit nicht als lineare Abfolge von Anfang und Ende, sondern als zyklische Bewegung sehen. So bietet die Lange Zählung uns eine außergewöhnliche Gelegenheit, unser Verhältnis zur Zeit, zur Geschichte und zur Zukunft zu überdenken.

Astronomische Grundlagen: Der Link zwischen Himmel und Erde

Die astronomischen Prinzipien des Maya-Kalenders

Die Maya-Zivilisation, mit ihrer tief verwurzelten Verbindung zur Astronomie, hat einen Kalender entwickelt, der weit über das Erstellen von einfachen Zeitmesser-Systemen hinausgeht. Die astronomischen Prinzipien, die dem Maya-Kalender zugrunde liegen, offenbaren ein tiefes Verständnis des Kosmos und unserer Position darin. Dieses Wissen ermöglichte es ihnen, Zyklen von Zeit und Naturbewegungen präzise zu kartieren und zu interpretieren.

Grundlegend für den Maya-Kalender war die Beobachtung von Himmelskörpern, insbesondere der Venus, der Sonne, des Mondes und der Plejaden. Diese Himmelskörper spielten eine zentrale Rolle in der kosmologischen und kalendarischen Struktur der Maya. Die Venus, als Morgenstern und Abendstern bekannt, erhielt besondere Aufmerksamkeit.

Ihre synodische Periode von etwa 584 Tagen erlaubte es den Maya, ihre Bewegungen mit außerordentlicher Präzision zu verfolgen und in ihrem Kalender festzuhalten.

Die Maya zeichneten die Bewegung der Venus so akkurat auf, dass sie Auftreten und Verschwinden am Himmel mit bemerkenswerter Genauigkeit vorhersagen konnten. Diese Beobachtung war nicht nur astronomischer Natur, sondern trug auch eine tiefgehende symbolische Bedeutung in sich. Die Venuszyklen beeinflussten sowohl ihre Rituale als auch ihr Verständnis von Zeit und Raum. „Die fünf synodischen Perioden der Venus gleich 2.920 Tagen entsprechen genau acht Sonnenjahren“, stellten Forscher, die sich mit dem Maya-Kalender befassten, fest. Diese Verknüpfung verdeutlicht die Komplexität und das Detailbewusstsein der Maya in ihren astronomischen Berechnungen.

Eine weitere fundamentale Komponente des Maya-Kalenders ist die Sonnenbewegung. Der Haab', das zivilkalenderische Jahr, basierte auf einem Zyklus von 365 Tagen. Dies setzte sich aus 18 Monaten à 20 Tagen plus fünf „unnatürlichen“ Tagen, genannt Wayeb, zusammen, die als eine Zeit der Vorsicht und der spirituellen Reinigung galten. Die genaue Einhaltung der Sonnenzyklen war essentiel für landwirtschaftliche und religiöse Aktivitäten. Durch ihre genaue Beobachtung der Sonnenwenden und Äquinoktien entwickelten die Maya tiefe spirituelle und praktische Verbindungen zu diesen Zeitmarkierungen.

Auch der Mond war für die Maya von entscheidender Bedeutung. Die Lunarkalender des Maya-Reiches, wie der sogenannte „Lunar Series“, bezogen ihre Berechnungen auf Mondphasen und Finsternisse. Die synodische Mondperiode von etwa 29,5 Tagen wurde in viele ihrer Rituale und Prophezeiungen integriert. Der Mondzyklus wurde akribisch erfasst und in komplexen Zahlenkodices dokumentiert, um eine harmonische Ausrichtung zwischen menschlichen Aktivitäten und kosmischen Ereignissen zu gewährleisten.

Darüber hinaus zogen die Maya Sternbilder und andere galaktische Phänomene in ihre astronomischen Berechnungen ein. Die Sterne und Sternbilder fungierten als himmlische Kalender, deren Bewegungen und zyklischen Muster zur Vorhersage von Naturereignissen verwendet wurden. Besonders erwähnenswert sind die Plejaden, die oft als Bezugspunkt für ihre Zeitrechnungen und mythologischen Überlieferungen herangezogen wurden. Die Plejaden galten als Schutzkonstellation und spielten eine wichtige Rolle in der zeremoniellen Planung und dem Jahreszyklus.

Ein einzigartiger Aspekt des Maya-Kalendersystems ist die Anwendung des Tzolk'in, eines heiligen Ritualkalenders von 260 Tagen. Dieser Zyklus ist weder solar noch lunar, sondern basiert auf einer Kombination von Zahlenmystik und planetarischen Beobachtungen. Der Tzolk'in besteht aus 20 Monaten mit jeweils 13 Tagen und verbindet numerische Harmonie mit kosmischer Symbolik. Seine zyklische Natur erlaubt es, bedeutende Tage und Perioden in einem spirituellen Kontext zu markieren, was eine tiefgehende Synchronisation zwischen dem menschlichen Erleben und dem kosmischen Rhythmus ermöglicht.

Zusammenfassend lässt sich sagen, dass die astronomischen Prinzipien des Maya-Kalenders sowohl eine erstaunliche wissenschaftliche Leistung als auch ein tiefes spirituelles Wissen verkörpern. Die präzise Beobachtung der Himmelskörper und deren sorgfältige Integration in ihren Kalender ermöglichten es den Maya, ein System zu schaffen, das die vielfältigen Aspekte des Lebens, vom landwirtschaftlichen Zyklus bis hin zur spirituellen Praxis, wirkungsvoll zusammenführte. Diese Harmonisierung von Himmel und Erde bleibt eine der bemerkenswertesten Leistungen der Maya-Zivilisation und bietet uns bis heute wertvolle Einblicke in die Verbundenheit des menschlichen Lebens mit den kosmischen Kräften.

Sternbilder und astronomische Ereignisse im Maya-Kalender

Die Maya, ein antikes Volk, dessen Reiche sich über das heutige Mexiko, Guatemala, Belize, Honduras und El Salvador erstreckten, besaßen nicht nur tiefgehende Kenntnisse der Mathematik und Architektur, sondern auch der Astronomie. In ihrer kosmischen Weisheit erkannten sie die essentielle Verbindung zwischen Himmel und Erde. Ihr Kalender, vor allem der Langzählkalender, ist ein beeindruckendes Beispiel für ihre Fähigkeit, astronomische Ereignisse mit irdischen Zyklen zu verbinden.

Ein zentrales Element des Maya-Kalenders sind die Sternbilder, die für die Maya nicht nur als Navigationshilfe und Zeitmessung dienten, sondern auch als spirituelle Leitlinien. Die Beobachtung des Nachthimmels war für die Maya eine sakrale Praxis. Durch die genaue Beobachtung der Sternbewegungen und deren Deutungen konnten sie landwirtschaftliche Aktivitäten planen, religiöse Rituale durchführen und gesellschaftliche Ereignisse koordinieren.

Sterne und Planeten in der Maya-Kosmologie

Die Maya teilten den Nachthimmel in verschiedene Sternbilder ein, die oft mit ihren Göttern und mythologischen Figuren assoziiert waren. Besonders prominent war der Planet Venus, den sie als den Morgen- und Abendstern verehrten. Venus war für die Maya eine duale Erscheinung - sie stellten ihn sowohl als göttliche Kriegerin als auch als flinkes Himmelswesen dar. Venuszyklen waren für sie essentiell, da diese Zyklen viele ihrer Rituale und Festivitäten bestimmten.

Erwähnenswert ist die Dresden-Codex, eines der wenigen überlebenden Schriftstücke der Maya, das detaillierte astronomische Tabellen enthält, die die Bewegungen der Venus über einen Zeitraum von 584 Tagen verfolgen. Diese Tabellen belegen die bemerkenswerte astronomische Präzision der Maya und ihre Fähigkeit, planetarische Bewegungen über Jahrzehnte hinweg genau vorherzusagen.

Sternbilder und ihre Bedeutung

Ein weiteres wichtiges Sternbild für die Maya war das Sternbild der Plejaden, das sie als „Tzab-ek“ kannten. Die Plejaden spielten eine zentrale Rolle in den Rituale der Maya und symbolisierten oft Wiedergeburt und Zyklizität

- ein Fundament ihrer kosmischen und irdischen Überzeugungen. Zu Zeiten großer Konjunktionen der Plejaden führten die Maya bedeutende religiöse Zeremonien durch, um die Harmonie zwischen Himmel und Erde zu ehren.

Die Himmelsscheibe

Ein faszinierendes Instrument, das von den Maya benutzt wurde, um den Nachthimmel zu verfolgen, war die sogenannte „Himmelsscheibe". Diese diente als eine Art frühzeitlicher Planisphär, mit dessen Hilfe sie die Positionierung der Sterne sowie deren jährliche Bewegungen nachvollziehen konnten. Diese Instrumente halfen dabei, die Präzession der Äquinoktien zu verfolgen sowie die Position der sichtbaren Planeten zu dokumentieren.

Astronomische Ereignisse

Die Bedeutung von Sonnenfinsternissen darf nicht unerwähnt bleiben. Die Maya besaßen genaue Aufzeichnungen über Sonnen- und Mondfinsternisse und konnten diese mit beeindruckender Genauigkeit vorhersagen. In ihrer Kosmologie sahen sie Finsternisse als mächtige Momente der Transformation an, die von großer Bedeutung für ihre Gemeinschaften waren. Verschiedene Monumente und

Steintafeln zeigen die Berechnungen der Maya zu diesen wichtigen Himmelsereignissen.

Ein bemerkenswertes Beispiel ist der Tempel von Kukulkán in Chichén Itzá, der so gebaut wurde, dass während des Frühlings- und Herbstäquinoktiums die untergehende Sonne einen Schattenschweif auf die Stufen der Pyramide projiziert, der wie eine herabsteigende Schlange aussieht. Dieses Phänomen, oft als „Deszendent des gefiederten Schlangengottes" bezeichnet, verdeutlicht die komplexe Beziehung der Maya zwischen Architektur und Astronomie.

Ein weiteres Beispiel ihrer astronomischen Meisterschaft sind die Observatorien wie das „El Caracol" in Chichén Itzá. Diese Gebäude weisen auf die tiefen Kenntnisse der Maya über die Bewegungen der Himmelskörper hin. Mit ihren spiralförmigen Treppen und Fenstern, die auf spezifische Himmelsrichtungen ausgerichtet sind, machten sie es möglich, bedeutende astronomische Ereignisse zu beobachten und zu dokumentieren.

Schlussfolgerung

Die Maya waren wahre Meister der Astronomie. Ihre Fähigkeit, Sternbilder und astronomische Ereignisse zu beobachten und in ihren Kalender zu integrieren, bezeugt ihre tiefe spirituelle und wissenschaftliche Einsicht. Dies ermöglichte ihnen nicht nur, ihre tägliche Praxis und Agrarzyklen zu regulieren, sondern auch, eine viel tiefere Verbindung zwischen Himmel und Erde herzustellen. In der heutigen Zeit bleibt ihr Vermächtnis ein faszinierender Schlüssel zum Verständnis unserer eigenen Verbindung zum Kosmos.

Die Synchronisation von Himmel und Erde: Kosmische Zyklen und deren Bedeutung

Die Maya, eine der faszinierendsten Hochkulturen der Geschichte, hinterließen uns ein Erbe, das weit über ihre beeindruckenden Bauten hinausreicht. Ihr Kalender zeugt von einem tiefen Verständnis der kosmischen Zyklen und der Synchronisation zwischen Himmel und Erde. Diese Synchronisation ist ein zentraler Aspekt des Maya-Kalenders und steht im Mittelpunkt dieses Unterkapitels. Die Maya erkannten, dass das Verständnis und die Beachtung der kosmischen Zyklen nicht nur für die landwirtschaftliche Planung, sondern auch für die spirituelle und gesellschaftliche Harmonie von Bedeutung waren.

Der Maya-Kalender basiert auf der Beobachtung und Berechnung verschiedener astronomischer Zyklen, darunter der Sonne, des Mondes, der Planeten und der Sterne. Eine der beeindruckendsten Errungenschaften der Maya war ihre Fähigkeit, diese Zyklen präzise zu berechnen und in Einklang mit ihren Kalendern zu bringen. Durch detaillierte Aufzeichnungen und umfangreiche Beobachtungen des Himmels konnten die Maya Muster und Regelmäßigkeiten erkennen, die es ihnen ermöglichten, Vorhersagen zu treffen und bedeutende Ereignisse zu planen.

Ein Beispiel für diese Synchronisation ist der berühmte 260-Tage-Kalender, der Tzolkin. Dieser heilige Kalender war eng mit den Zyklen der Venus verbunden, einem Planeten, der von den Maya als besonders bedeutsam angesehen wurde. Die Venuszyklen wurden genutzt, um wichtige rituelle und zeremonielle Zeiten zu bestimmen, die tief in der kosmischen Ordnung verwurzelt waren. Diese Zyklen hatten nicht nur astronomische, sondern auch symbolische Bedeutung, da die Venus oft mit der Göttin Ix Chel in Verbindung gebracht wurde.

Ein anderes bemerkenswertes Beispiel ist der Haab, ein 365-Tage-Kalender, der dem Sonnenjahr entspricht. Diese Erdzyklen, die die Jahreszeiten widerspiegeln, waren für die landwirtschaftliche Planung essenziell. Die Maya stellten fest, dass das Verständnis der solaren und lunaren Bewegungen direkt Auswirkungen auf das Pflanzenwachstum und die Erntezyklen hatte. Durch Beobachtungen der Sonnenexkursionen und der Mondphasen konnten sie präzise Vorhersagen über die besten Zeitpunkte für Aussaat und Ernte machen.

Die umfassende Integration von kosmischen Zyklen in den täglichen und spirituellen Alltag der Maya zeigt sich auch in den Zeremonien, die zur Wintersonnenwende oder zur Frühlings- und Herbst-Tagundnachtgleiche abgehalten wurden. Diese Ereignisse markierten entscheidende Wendepunkte im jährlichen Zyklus und wurden als Momente der Erneuerung und Transformation angesehen. Es war eine Zeit, das Gleichgewicht zwischen Himmel und Erde zu würdigen und die Harmonie zwischen Mensch und Kosmos wiederherzustellen.

Was die Maya zu Meisterastronomen machte, war nicht nur ihre Fähigkeit, die Bewegungen der Himmelskörper zu berechnen, sondern auch ihr tiefes Verständnis für die symbolischen Bedeutungen dieser Bewegungen. Die kosmischen Zyklen wurden als göttliche Hinweise betrachtet, die die Menschen auf die richtige Bahn lenken sollten. Diese

Sichtweise half den Maya, ihre Gemeinschaften im Einklang mit den Kräften des Universums zu halten.

Ein weiteres bemerkenswertes Konzept ist der so genannte „große Zyklus" des Maya-Kalenders, der einen Zeitraum von etwa 5.125 Jahren umfasst. Am Ende eines solchen Zyklus, der im Jahr 2012 an weltweiter Popularität gewann, glaubten viele, dass eine Phase der Transformation und des Neuanfangs bevorstand. Auch wenn die apokalyptischen Vorhersagen nicht eintrafen, bleibt die Symbolik eines Wandels und einer Erneuerung bedeutsam. Es unterstreicht die Vorstellung, dass die Synchronisation von Himmel und Erde eine kontinuierliche, zyklische Erneuerung des Lebens bedeutet.

Die Maya-Zyklen können auch als Spiegel der menschlichen Bewusstseinsentwicklung gesehen werden. Der Wandel der Zeit wird nicht nur durch die physische Welt repräsentiert, sondern auch durch die inneren Zyklen des menschlichen Bewusstseins. Die Verbindung zwischen den astronomischen Ereignissen und der menschlichen Erfahrung hat in der modernen Esoterik und New Age-Bewegung an Bedeutung gewonnen. Viele betrachten die alten Weisheiten der Maya als Schlüssel zur spirituellen Erneuerung und zur Harmonie mit der Natur.

Interessanterweise haben zeitgenössische Forscher erkannt, dass die Synchronisation von Himmel und Erde weiterreicht, als ursprünglich gedacht. Wissenschaftliche Studien der letzten Jahrzehnte haben gezeigt, dass kosmische Zyklen tatsächlich Einfluss auf das Erdklima und biologische Rhythmen haben können. Die uralte Weisheit der Maya, die auf die Beziehung zwischen kosmischen Zyklen und irdischen Ereignissen hinwies, findet damit eine neue wissenschaftliche Bestätigung.

Zusammengefasst ist die Synchronisation von Himmel und Erde, wie sie im Maya-Kalender verankert ist, eine herausragende Darstellung der Verbindung von Mensch und Kosmos. Die präzisen und tiefsinnigen kosmischen Berechnungen der Maya sind nicht nur ein Zeugnis ihrer astronomischen Fähigkeiten, sondern auch ein Ausdruck ihres spirituellen Verständnisses. Sie verdeutlichen, dass wahre Harmonie erlangt wird, wenn das menschliche Leben im Einklang mit den universellen Kräften steht. Für die kommenden Jahre könnte die Weisheit der Maya ein inspirierender Leitfaden sein, um eine nachhaltigere und spirituell erfüllendere Verbindung mit unserem Planeten und dem Kosmos zu finden.

Die Mystik der Zeit: Spirituelle Dimensionen des Maya-Kalenders

Die zyklische Natur der Zeit: Maya-Kalender und kosmische Rhythmen

Die Maya-Kultur offenbart durch ihren Kalender eine faszinierende Sicht auf die zyklische Natur der Zeit. Im Gegensatz zu der linearen Zeitauffassung, die in vielen modernen Gesellschaften vorherrscht, sehen die Maya die Zeit als Wiederholung von Zyklen, die sowohl das Universum als auch das menschliche Leben prägen. Diese zyklische Natur ist tief in der kosmischen Rhythmik verwurzelt und hat immense spirituelle Bedeutung.

Der Maya-Kalender besteht aus mehreren miteinander verflochtenen Zyklen, die sowohl kurze, wie der Tzolkin-Zyklus von 260 Tagen, als auch lange Zeiträume, wie der Baktun-Zyklus von etwa 394 Jahren, umfassen. Dieses Verständnis vom Zyklus als Grundlage der Zeit erlaubt den Maya, Muster und Wiederholungen in der Natur und im menschlichen Verhalten zu erkennen. Indem sie diese

Zyklen verfolgen, glaubten sie, Einblicke in die spirituellen und physischen Kräfte zu gewinnen, die die Welt beeinflussen.

Vor allem der Tzolkin, ein 260-Tage-Zyklus, ist von besonderer Bedeutung. Er besteht aus 20 Perioden von jeweils 13 Tagen, die zusammen eine heilige Zeitmatrix ergeben. Jeder dieser Tage hat eine spezifische Energie, die durch das Zusammenspiel von Zahl (1-13) und Tagessymbol (Nahual) definiert wird. Diese Symbole sind nicht nur Kalendereinheiten, sondern tragen tiefe mythologische und spirituelle Bedeutungen. Die Energie eines jeden Tages wird als Einfluss auf das tägliche Leben und die spirituelle Praxis der Maya verstanden. Durch das Bewusstsein dieser täglichen Energien können Individuen in Harmonie mit den kosmischen Rhythmen leben.

Ein weiteres herausragendes Element des Maya-Kalenders ist der Haab', ein 365-Tage-Solarjahr-Kalender, der sich auf den Sonnenzyklus und die Bewegungen der Erde konzentriert. Der Haab' besteht aus 18 Monaten zu je 20 Tagen und einem zusätzlichen Monat von fünf Tagen, den Wayeb'. Diese zusätzlichen Tage wurden als kritisch und oft als unheilvoll betrachtet, da sie Übergangsperioden markierten. Es war eine Zeit der Reflexion und Vorsicht, die darauf hinwies, wie eng die Maya die Verbindung zwischen zeitlichen Zyklen und spirituellen Gefahren sahen.

Die Kombination von Tzolkin und Haab' führt zu einem synchronisierenden Megazyklus von 18.980 Tagen, bekannt als der "Kalenderrunde". Diese Konvergenz beider Zyklen war entscheidend für die Vorhersage bedeutungsvoller historischer und persönlicher Ereignisse. Jeder Tag in dieser 52-Jahre-Periode erhielt eine einzigartige energetische und spirituelle Qualität, die von den Maya aufmerksam verfolgt und rituell geehrt wurde.

Die längeren Zyklen des Maya-Kalenders, wie die Baktun-Zyklen, spiegeln noch tiefere kosmische und spirituelle Rhythmen wider. Jeder Baktun von etwa 394 Jahren wird gesehen als ein Lebensalter oder eine Periode großer Transformation und Entwicklung. Innerhalb der 13 Baktuns summiert sich dieser Zyklus zu einem "Großen Zyklus" von etwa 5.125 Jahren. Es ist dieser Große Zyklus, der das Ende und den Anfang von Epoche und aeonalen Übergängen darstellt. Die Prophezeiungen, die das Ende eines Baktun-Zyklus begleiten, sind keine Vorhersagen von Ende und Verfall, sondern von Erneuerung und neüm Aufbruch.

Der Respekt und das tief verwurzelte Verständnis der Maya für die zyklische Natur der Zeit bieten einen inspirierenden

Einblick in eine Welt, in der die Verbindung zwischen Mensch und Kosmos, Zeit und Raum organisch und unmittelbar ist. In der heutigen schnelllebigen Gesellschaft kann dieses zyklische Zeitverständnis uns helfen, ein Gleichgewicht zu finden, indem wir erkennen, dass unser Leben in größere Muster eingebunden ist. Die Zeit wird zu einer heilenden und orientierenden Kraft, die uns ermutigt, innezuhalten, zu reflektieren und in Harmonie mit den kosmischen und natürlichen Zyklen zu leben.

Die kosmische Rhythmik des Maya-Kalenders ist letztendlich nicht nur ein wissenschaftliches und astronomisches System, sondern auch ein tief spirituelles Instrument zur Verbindung mit dem Universum. Es lädt uns ein, die Zeit nicht als linearen Fluss von Momenten zu betrachten, sondern als endloses Rad der Wiederkehr und Erneuerung. Dieses zyklische Zeitverständnis ermöglicht es uns, die Tiefen unseres spirituellen Potenzials zu erkunden und die größere Gesamtheit des Lebens zu schätzen.

Indem wir die zyklische Natur der Zeit durch den Maya-Kalender verstehen und ehren, öffnen wir uns für die Möglichkeit, auf einer tieferen Ebene mit unserem Inneren und dem Kosmos zu interagieren. Diese Verbindung kann als Schlüssel zu einer harmonischeren und erfüllteren Existenz dienen, indem sie uns die Weisheit und die Rhythmen des alten Wissens in unser modernes Leben integriert.

Zeitenwenden und Transformationen: Prophezeiungen und ihre spirituelle Bedeutung

In der Welt der Maya hatte jede bedeutende Veränderung und jedes bedeutende Ereignis eine tiefgreifende spirituelle Dimension. Die Zeitenwenden, die im Maya-Kalender dargestellt werden, sind nicht nur numerische Zyklen oder historische Marker, sondern vielmehr Phasen tief transformationaler Energien, die sowohl das individuelle wie auch das kollektive Bewusstsein beeinflussen. Ein Verständnis dieser Zyklen bietet uns wertvolle Einblicke in die Natur von Wandel und spezialen Transformationen und gibt uns Orientierung, um diese Herausforderungen spirituell und psychisch zu meistern.

Die Maya glaubten fest daran, dass bestimmte Zeitabschnitte - gekennzeichnet durch den Kalender - besondere Energien tragen, die Wandlung und tiefgreifende Transformation begünstigen oder sogar erzwingen. Diese Zeitenwenden oder Übergänge werden oft als „Ende" oder „Anfang" eines bedeutenden Zyklus verstanden, was sie von herkömmlichen Kalenderwechseln abhebt. Ein prominentes Beispiel hierfür ist das Ende des 13. Baktun-Zyklus, der im Maya-Kalender mit dem Datum 13.0.0.0.0 (21. Dezember 2012 im Gregorianischen Kalender) endet. Viele haben dieses Datum fälschlicherweise als „Weltuntergang" interpretiert. Doch in Wirklichkeit symbolisiert es den Übergang in eine neue Ära des Bewusstseins.

Prophezeiungen spielen eine zentrale Rolle im Kontext dieser Zeitenwenden. Die Maya-Gelehrten und Weisen, bekannt als Ahaucan, nutzen ihre tiefen Kenntnisse des Kalenders, der Astronomie und der spirituellen Praktiken, um die Energien kommender Zeiten vorherzusagen. Diese Prophezeiungen sind jedoch nicht als feste Vorhersagen zu verstehen, sondern eher als Hinweise auf die Qualitäten und Potenziale der kommenden Zeitabschnitte. Eine verbreitete Prophezeiung besagt zum Beispiel, dass die aktuelle Zeit uns auffordert, wieder in Harmonie mit der Erde und unseren Mitmenschen zu leben.

Die spirituelle Bedeutung dieser Zeitenwenden ist tief und fordert einen bewussten und reflektierten Umgang mit den Herausforderungen und Möglichkeiten, die diese Phasen mit sich bringen. In solchen Momenten ist es wichtig, sich auf spirituelle Praktiken zu konzentrieren, die Erdung und

Klarheit bringen, wie Meditation, Gebet und Verbindung zur Natur. Diese Praktiken helfen dabei, die transformierenden Energien zu integrieren und die alten Muster, die nicht mehr dienen, loszulassen.

Ein weiteres inneres Verständnis der Maya ist die Tatsache, dass jede Zeitenwende auch eine Gelegenheit zur kollektiven Heilung darstellt. Wenn grundlegende Veränderungen und Transformationen anstehen, treten oft alte Wunden und traumatische Erlebnisse wieder in Erscheinung, um geheilt zu werden. Die Ahaucan nutzen Rituale und Zeremonien, um diese Heilung zu unterstützen, einschließlich Reinigung durch Feuer- und Wasserzeremonien, das Rufen von Ahnengeistern und das Angebot von Opfergaben an die heiligen Kräfte der Erde. Diese Praktiken sind tief in der Überzeugung verwurzelt, dass die Erde und der Kosmos lebendig und bewusst sind und in unserer Heilung und Transformation eine aktive Rolle spielen.

Ein solcher Ansatz kann auch im modernen Kontext angewendet werden. Indem wir die Lektionen der Maya über Zeitenwenden und Transformationen in unser Leben integrieren, können wir nicht nur individuelle Transformation und Heilung erfahren, sondern auch zu kollektiven Bewusstseinsänderungen beitragen. Projekte, die nachhaltiges Leben, soziale Gerechtigkeit und spirituelle Gemeinschaft fördern, sind moderne Ausdrucksformen dieser Weisheiten. Indem wir unsere Schritte bewusst auf die Energien und Prophezeiungen des Maya-Kalenders abstimmen, können wir uns besser darauf vorbereiten, die Herausforderungen des heutigen Lebens zu meistern und eine tiefere Harmonie und Ausgeglichenheit zu erreichen.

Schließlich erinnern uns die Maya-Zeitenwenden daran, dass Zeit nicht linear, sondern zyklisch ist. Dies bedeutet, dass jede Herausforderung, die sich uns stellt, auch eine Gelegenheit für Wachstum und evolutionären Fortschritt darstellt. Indem wir uns den spirituellen Dimensionen dieser Zeitenwenden öffnen, gewinnen wir Zugang zu einem tieferen Verständnis unseres Platzes im kosmischen Spiel des Lebens und können aktiv daran teilnehmen, die Art von Welt zu erschaffen, die wir uns für die Zukunft wünschen.

In einer sich ständig wandelnden Welt bieten die Lehren und Prophezeiungen der Maya wertvolle Orientierungshilfen für Zeiten der Transformation. Sie fordern uns auf, bewusst durch Phasen des Wandels zu navigieren, die Energien der Zeitabschnitte zu verstehen und spirituelle Praktiken zu nutzen, um unsere inneren und äußeren Welten zu harmonisieren. Indem wir die tiefgreifende spirituelle Bedeutung der Zeitenwenden und Transformationen durch den Maya-Kalender anerkennen und integrieren, können wir eine bedeutende Rolle in der Entfaltung eines neuen Zeitalters spielen.

Zeit als Heiliger Raum: Rituale und Feste im Kontext der Maya-Philosophie

Die Maya-Kultur, tief verwurzelt in der Vorstellung einer zyklischen Zeit, sieht die Zeit nicht nur als linearen Ablauf von Momenten und Ereignissen, sondern als heiligen Raum, der von rituellen Praktiken gefüllt ist. Jedes Ereignis, jede Handlung und jeder Gedanke sind untrennbar mit dem kosmischen Rhythmus verbunden, der durch den Maya-Kalender veranschaulicht wird. Das Verständnis der Zeit als heiliger Raum ist eine der zentralen Säulen der Maya-Philosophie, die es ermöglicht, durch Rituale und Feste eine tiefere spirituelle Bedeutung zu erleben.

Rituale und Feste stellen im Kontext der Maya-Philosophie nicht nur soziale und kulturelle Aktivitäten dar, sondern sind essenzielle Handlungen, die die spirituelle Verbindung zwischen Menschen und dem Universum stärken. Diese Rituale sind sorgfältig durch den Maya-Kalender strukturiert und betonen insbesondere die Zyklen des

Tzolkin, des haab' und der Langzählung. Jedes Ritual hat eine spezifische Bedeutung und ist zeitlich so ausgerichtet, dass es die Energien bestimmter Tage und Perioden optimal nutzt.

Ein zentrales Element der Maya-Rituale ist die Opfergabe. Diese Opfergaben, die von Nahrungsmitteln und Blumen bis hin zu Blut und anderen kostbaren Substanzen reichen können, sind tief symbolische Handlungen, die Respekt und Dankbarkeit gegenüber den Göttern und dem Universum ausdrücken. Das Ritual der Opfergabe findet oft in einer Zeremonialhütte oder an einer heiligen Stätte statt, begleitet von Gebeten, Gesängen und Tänzen. Die Opfergaben sind darauf ausgerichtet, die kosmische Balance zu wahren und Schutz sowie Segen zu erbitten. Besonders für die Tage der Nahuales - spirituelle Energien im Tzolkin-Kalender - haben diese Rituale eine zutiefst transformierende Kraft.

Die Feste der Maya beinhalten eine Vielzahl von Aktivitäten und Zeremonien, die das Wechselspiel zwischen der spirituellen und physischen Welt symbolisieren. Das häufigste und bedeutendste Fest ist das Neujahrsfest, das nach der 365-tägigen Periode des haab'-Kalenders gefeiert wird. Dieses Fest markiert nicht nur den Beginn eines neuen Jahres, sondern auch einen Neubeginn in spiritueller Hinsicht.

Familien und Gemeinschaften versammeln sich, um mit Tänzen, Musik und reichhaltigen Festmählern zu feiern, wobei die klassischen Symbole der Maya wie Jade, Federn und farbenfrohe Gewänder eine bedeutende Rolle spielen. Der Moment des Jahreswechsels wird mit großer Aufmerksamkeit vorbereitet, da er als eine Zeit gilt, in der die Schleier zwischen den Welten besonders dünn sind und die spirituelle Kommunikation am intensivsten ist.

Ein weiteres zentrales Fest im Maya-Kalender ist das Feuerfest, welches die Reinigung und Erneuerung symbolisiert. Beim Maya-Feuerfest wird ein heiliges Feuer entzündet, bei dem Opfergaben, oft symbolische Gegenstände, ins Feuer geworfen werden, um Transformation und Befreiung von Negativität zu erreichen. Dieses Ritual soll nicht nur den individuellen Geist reinigen, sondern auch das kollektive Bewusstsein der Gemeinschaft stärken. Das brennende Feuer dient als Mittel zur Verbindung mit den Ahnengeistern und zum Empfang von Weisheit und Führung.

Die zyklische Natur der Maya-Zeitvorstellung spiegelt sich auch in den Übergangsritualen wider, die wichtige Lebensereignisse wie Geburt, Pubertät, Heirat und Tod begleiten. Diese Übergangsrituale sind nicht nur persönliche Meilensteine, sondern auch kollektive Ereignisse, die die Kontinuität und den Zyklus des Lebens innerhalb der Gemeinschaft betonen. Sie spiegeln das tiefe Verständnis der Maya für die ständige Erneuerung und den Wandel wider, die essenziell für das spirituelle Wachstum sind.

Im Kontext der Maya-Philosophie wird der Umgang mit der Zeit als heiligem Raum durch die Kombination von astronomischem Wissen, spirituellem Verständnis und ritueller Praxis zu einer kraftvollen Methode, um das menschliche Leben im Einklang mit dem Universum zu gestalten. Der Maya-Kalender selbst dient als Drehbuch für diese heiligen Handlungen, indem er nicht nur den Verlauf der Zeit, sondern auch die Qualität und spirituelle Bedeutung jeder einzelnen Einheit von Zeit darstellt. Durch das Einhalten der rituellen Kalenderzyklen gelingt es den Maya, die Harmonisierung ihrer inneren Welten mit den größeren kosmischen Mustern zu erreichen.

Zusammenfassend lässt sich sagen, dass die Maya-Philosophie Zeit als mehrdimensionales Geflecht betrachtet, in dem die Rituale und Feste nicht nur kulturelle Ausdrucksformen sind, sondern als Schlüssel zur Erschließung tieferer spiritueller Wahrheiten und zur Schaffung eines harmonischen Lebens dienen. Indem die Maya ihre Rituale und Feste im Einklang mit den heiligen Zyklen ihres Kalenders durchführen, schaffen sie einen heiligen Raum, der sowohl das individuelle als auch das kollektive Seelenwachstum fördert.

Prophezeiungen und Vorhersagen: Was die Maya über unsere Zukunft sagten

Die Dekodierung der Maya Prophezeiungen: Ein Blick auf die Schlüsselbotschaften

Die Dekodierung der Maya-Prophezeiungen eröffnet einen faszinierenden Blick auf die Weisheit einer alten Zivilisation, deren zeitloses Wissen seit Jahrhunderten die Menschheit beschäftigt. Indem wir in die Schlüsselbotschaften der Maya eintauchen, können wir ihre tiefen Einsichten über die Vergangenheit, Gegenwart und Zukunft entschlüsseln. Diese Prophezeiungen sind keine einfachen Vorhersagen; sie sind komplexe Chiffren, die sowohl astronomische, spirituelle als auch soziale Aspekte umfassen.

Die Maya-Prophezeiungen sind stark in ihrem komplexen Kalender verwurzelt, der die Beziehungen zwischen kosmischen Zyklen und irdischen Geschehnissen darstellt. Ein grundlegendes Verständnis dieser Prophezeiungen erfordert das Erkennen der Bedeutung von Zyklen und Perioden innerhalb des Maya-Kalenders. Besonders wichtig ist hierbei das Konzept der „Katun"-Zyklen, die 20 Jahre umfassen, und der größeren „Baktun"-Zyklen, die 394 Jahre dauern. Jeder dieser Zyklen wird von den Maya als bedeutend für Veränderungen, Transformationen und Übergänge betrachtet.

Eine der zentralen Botschaften der Maya-Prophezeiungen ist die enge Verbindung zwischen kosmischen Geschehnissen und menschlichen Erfahrungen. Die Maya glaubten, dass Bewegungen und Ausrichtungen von Himmelskörpern die Energien auf der Erde stark beeinflussen könnten. Sie sahen diese astronomischen Ereignisse als Indikatoren für bevorstehende Zeiten des Wandels und der Erneuerung. Alinarius von Palenque, ein angesehenes Mitglied dieser antiken Gesellschaft, schrieb: "Die Sterne leiten unseren Weg, und in ihrem Tanz spiegelt sich unser Schicksal wider." Diese poetische Aussage symbolisiert die Maya-Vorstellung, dass das Schicksal der Menschheit mit den Bewegungen des Kosmos verwoben ist.

Ein wichtiges Element in den Prophezeiungen betrifft die Vorstellung von Zusammenbrüchen und Erneuerung. Für die Maya war die Zerstörung keinesfalls das Ende, sondern vielmehr ein notwendiger Teil des zyklischen Prozesses, der

Raum für Neues schafft. In dieser Hinsicht erinnern uns ihre Prophezeiungen daran, dass jede Krise oder jedes Ende auch als Chance für einen Neubeginn gesehen werden kann. Dieser Gedanke spiegelt sich in vielen ihrer Inschriften und Legenden wider, die vom stetigen Wandel und der zyklischen Natur der Zeit berichten.

Die Bedeutung der Erneuerung ist besonders in den Prophezeiungen zur Zeit der großen Übergänge prominent. So zählt das Ende eines Baktun-Zyklus zu den herausragenden Momenten, die oft als Höhepunkt von großen Veränderungen betrachtet werden. Ein berühmtes Beispiel ist der 13. Baktun, der am 21. Dezember 2012 endete. Während viele diesen Zeitpunkt fälschlicherweise als Weltuntergang deuteten, sahen die Maya ihn vielmehr als Beginn einer neuen Ära, geprägt von tiefgreifenden Transformationen und einem erhöhten Bewusstsein.

Einen weiteren Schlüssel zum Verständnis der Maya-Prophezeiungen bieten ihre Mythen und Geschichten, die reich an Symbolen und Metaphern sind. Der Popol Vuh, das heilige Buch der Maya, enthält viele solcher Geschichten, die nicht nur historische Ereignisse, sondern auch zukünftige Szenarien beschreiben. Beispielsweise erzählt der Mythos von der Erschaffung der Menschheit durch die Götter von einem kontinuierlichen Prozess des Probierens und Fehlens, bis schließlich eine perfekte Balance erreicht wurde. Dies deutet darauf hin, dass die Maya glaubten, dass auch die menschliche Gesellschaft durch ähnliche Prozesse von Versuch und Irrtum gehen würde, um irgendwann eine harmonische Ordnung zu erreichen.

Die Maya-Prophezeiungen betonen zudem die Bedeutung persönlicher und kollektiver Verantwortung. Sie implizieren, dass unser individuelles und gemeinsames Handeln direkten Einfluss auf die Gestaltung unserer Zukunft hat. Die Maya sahen die Menschheit als integralen Bestandteil des universellen Gefüges, wobei jeder Einzelne durch bewusstes Verhalten zur Harmonie des Ganzen beitragen kann. Dies wird durch das Maya-Konzept der „In Lak'ech Ala K'in" verdeutlicht, was so viel bedeutet wie „Ich bin ein anderes Du" - ein Ausdruck der Einheit und Verbundenheit allen Lebens.

Abschließend lässt sich sagen, dass die Maya-Prophezeiungen weitaus mehr sind als einfache Vorhersagen über bevorstehende Ereignisse. Sie sind komplexe, mehrschichtige Botschaften, die sowohl kosmische als auch irdische Zusammenhänge adressieren. Durch das tiefere Verständnis dieser Prophezeiungen können wir wertvolle Einsichten gewinnen, die uns dabei helfen, bewusster mit den

Veränderungen und Herausforderungen unserer Zeit umzugehen. Die Weisheit der Maya erinnert uns daran, dass in jedem Ende ein neuer Anfang liegt und dass wir durch unser Handeln die Zukunft aktiv mitgestalten können.

Zyklische Zeit und Epochenwechsel: Was die Kalenderzyklen über bevorstehende Veränderungen offenbaren

Die Vorstellung der zyklischen Zeit ist ein zentrales Element im Maya-Kalender und bildet die Grundlage ihrer Prophezeiungen und Vorhersagen. Während die moderne westliche Welt die Zeit in linearer Weise begreift - als eine gerade Linie, die von der Vergangenheit über die Gegenwart in die Zukunft führt - sahen die Maya die Zeit als einen endlosen Kreislauf, geprägt von wiederkehrenden Epochen und Zyklen. Diese zyklische Vorstellung formte nicht nur ihren Kalender, sondern auch ihren weltanschaulichen und spirituellen Ansatz. Sie glaubten, dass die Kenntnis dieser Zyklen es ihnen ermöglichen würde, die Muster und Ereignisse in der Zukunft vorherzusagen.

Ein wesentlicher Bestandteil des Maya-Kalenders und seiner zyklischen Struktur ist das Konzept der "Baktun-Zyklen". Ein Baktun ist eine Zeitspanne von etwa 394,26 Sonnenjahren und wird als Einheit der längeren Zeitperioden im Maya-Kalender verwendet. Insgesamt umfasst der Kalender 13 Baktun-Zyklen, die zusammen einen "Großen Zyklus" von etwa 5.125 Jahren bilden. Die Vollendung eines solchen Zyklus wurde als von enormer Bedeutung angesehen, da sie das Ende einer Ära und den Beginn einer neuen epoche markierte. Es wurde geglaubt, dass jeder Zyklus bestimmte energetische und spirituelle Qualitäten beinhaltet, die eine transformative Wirkung auf die Menschheit und die gesamte Erde haben können.

Die Vollendung des letzten Großen Zyklus am 21. Dezember 2012, basierend auf der Long Count-Kalenderberechnung, erregte weltweite Aufmerksamkeit und führte zur weit verbreiteten Annahme, dass dieses Datum das Ende der Welt bedeuten könnte. Diese Interpretation war jedoch eine Missdeutung der Maya-Prophezeiungen. Die Maya selbst sahen dieses Datum nicht als das Ende aller Tage, sondern vielmehr als einen Übergangspunkt, einen Wendepunkt in der zyklischen Zeit.

Die Maya glaubten, dass die Übergänge zwischen den Zyklen oft von bedeutenden Veränderungen und

Umwälzungen begleitet werden. Diese Veränderungen wurden jedoch nicht unbedingt als negative oder katastrophale Ereignisse verstanden, sondern vielmehr als eine Gelegenheit für spirituelles Erwachen, Erneuerung und Wachstum. Die Übergänge von einem Zyklus zum nächsten wurden als Zeiten gesehen, in denen die Energie des alten Zyklus abfloss und die neue Energie zu fließen begann, was neue Möglichkeiten für die menschliche Entwicklung und Transformation eröffnete.

Eine der eindrucksvollsten und tiefgründigsten Botschaften der Maya ist die Vorstellung, dass diese zyklischen Übergänge Zeiten intensiver spiritueller Transformation und Bewusstseinswandel darstellen. Nach der Überlieferung der Maya führten die Wechsel zwischen den Zyklen oft zu Perioden, in denen Weisheit und Wissen vertieft wurden und die Menschen aufgefordert waren, ihre Lebensweise zu überdenken und zu erneuern. Es war eine Zeit, um die Verbindung zur Natur, zur Erde und zum Universum zu stärken und ein tiefes Verständnis für die energetischen und spirituellen Dynamiken zu entwickeln, die das Leben und das Bewusstsein auf dieser Erde steuern.

Die Vorhersagen, die die Maya für die Zukunft machten, basierten in vielerlei Hinsicht auf der Beobachtung von

Mustern und Zyklen in der Vergangenheit. Durch das Studium der vergangenen Zyklen und der damit verbundenen Ereignisse, waren die Maya in der Lage, Vorhersagen über die Art und Weise zu treffen, wie sich zukünftige Zyklen entfalten würden. Diese Vorhersagen spiegeln nicht nur mögliche physische und astronomische Ereignisse wider, sondern betonen auch die Veränderungen im kollektiven Bewusstsein und spirituellen Zustand der Menschheit.

Um die Zukunft im Sinne der Maya-Prophezeiungen zu verstehen, ist es wichtig, die zyklische Natur der Zeit zu akzeptieren und zu verstehen, dass Veränderungen und Umwälzungen Teil eines größeren, fortlaufenden Prozesses sind. Diese Erkenntnis kann uns helfen, die Herausforderungen und Möglichkeiten, die vor uns liegen, zu interpretieren und uns darauf vorzubereiten. Wir sind aufgefordert, die Lehren der Maya über zyklische Zeit und Epochenwechsel in unser modernes Leben zu integrieren und zu erkennen, dass die Zeiten des Wandels auch Zeiten des Wachstums, der Erneuerung und des Erwachens sind.

Wenn wir die kommenden Jahre aus der Perspektive der Maya-Zeitzyklen betrachten, wird deutlich, dass wir an der Schwelle eines neuen Zeitalters stehen, das durch tiefgreifende Veränderungen und Transformationen gekennzeichnet sein könnte. Indem wir die Maya-Kalenderzyklen und ihre Prophezeiungen studieren, können wir wertvolle Einsichten und Weisheiten gewinnen, die uns helfen, diese Übergangszeit mit einem klaren Bewusstsein und einem offenen Herzen zu navigieren und die Möglichkeiten zu nutzen, die diese neuen Epochen mit sich bringen.

Spirituelle Transformation und Erneuerung: Die Bedeutung der Maya-Voraussagen für die moderne Welt

Die Maya-Kultur enthält einen erstaunlichen Reichtum an Wissen, das weit über das nur historisch oder astronomisch Erfassbare hinausgeht. Die Prophezeiungen und Voraussagen, die in ihren Kalendern und Schriften verankert sind, bieten eine tiefe Einsicht in eine allumfassende spirituelle Transformation und Erneuerung, die auf die moderne Welt übertragen werden kann. Diese Transformation ist nicht nur eine persönliche Reise, sondern auch eine globale Bewegung hin zu einem höheren Bewusstseinszustand.

Die Maya sahen Zeit nicht als eine lineare Abfolge von Ereignissen, sondern als einen zyklischen Prozess, in dem alles miteinander verbunden und wiederholbar ist. Dieser zyklische Ansatz zur Zeit betont die Bedeutung des gegenwärtigen Moments und die Verantwortung, die jeder Einzelne trägt. Jede Handlung, jeder Gedanke und jedes Gefühl sind Teil eines größeren kosmischen Puzzles, das die kollektive Zukunft beeinflusst.

Ein Schlüsselkonzept der Maya-Prophezeiungen ist die "unneranernde": die Vorstellung einer moralischen, ethischen und spirituellen Erneuerung. Die Maya glaubten, dass jede neue Periode oder Ära eine Möglichkeit bietet, sich selbst und die Gesellschaft zu transformieren. Diese Perioden werden durch große astronomische Ereignisse markiert, die auch als Zeitfenster für spirituelle Erneuerung dienen.

In modernen Kontexten kann diese spirituelle Transformation als ein Aufruf zur Rückbesinnung auf die grundlegenden Prinzipien des Lebens verstanden werden: Liebe, Mitgefühl, Harmonie und Respekt vor der Natur. Die Maya lehren, dass wir uns von materiellem Überfluss und egozentrischen Bestrebungen distanzieren sollten, um zu wahren spirituellen Erfüllungen zu gelangen. Dieses Prinzip ist heute relevanter denn je, da wir in einer Zeit leben, die von Umweltzerstörung, sozialer Ungerechtigkeit und technologischer Überlastung geprägt ist.

In der modernen spirituellen Praxis kann die Einbeziehung der Maya-Prinzipien durch Meditation, Rituale und bewusste Lebensführung stattfinden. Die Kenntnis der Nahuales, der spirituellen Energien, die jedem Tag des Maya-Kalenders zugeordnet sind, bietet Möglichkeiten zur täglichen Reflexion und Erneuerung. Indem man sich auf die Energien des jeweiligen Tages einstellt und sie in sein Leben integriert, kann man ein tieferes Verständnis und eine Verbindung zu den Rhythmen des Universums entwickeln.

Die Prophezeiungen der Maya betonen, dass das Jahr 2012 und die Jahre danach nicht das Ende, sondern der Anfang einer neuen Ära der Bewusstheit sind. Diese Ära, die auch als das "Goldene Zeitalter" bezeichnet wird, zeichnet sich durch eine Rückkehr zu alten Weisheiten und einem neuen Verständnis von Einheit aus. Der Einbruch dieser Ära fordert die Menschheit auf, kollektive Verantwortung für ihre Handlungen und deren Auswirkungen auf die Umwelt und andere Lebewesen zu übernehmen.

Durch diese spirituelle Transformation können wir beginnen, ein Bewusstsein zu entwickeln, das Transzendenz und Selbstverwirklichung verbindet. Es geht darum, sich nicht nur persönlich zu wandeln, sondern auch einen Beitrag zum kollektiven Bewusstsein zu leisten, indem man Güte,

Heilung und spirituelle Weisheit in die Welt bringt. Die Maya ermahnen uns, dass wahre Erfüllung nur dann erreicht wird, wenn der Einzelne in Harmonie mit dem größeren Ganzen lebt.

Zusammengefasst bieten die Prophezeiungen der Maya eine strukturierte Plattform für spirituelle Erneuerung und Transformation in der modernen Welt. Indem wir ihre Botschaften und Lehren in unser tägliches Leben integrieren, können wir mit einem tieferen Bewusstsein, einer stärkeren Intuition und einem klareren Verständnis für unseren Platz im kosmischen Gefüge voranschreiten. Diese Transformation ist kein Endziel, sondern ein kontinuierlicher Prozess des Wachsens und Sich-Entfaltens, der uns immer näher an das göttliche Bewusstsein heranführt, das sowohl in uns als auch um uns herum existiert.

2012 und darüber hinaus: Entmystifizierung des Weltuntergangsmythos

Ursprung und Verbreitung des Weltuntergangsmythos im Jahr 2012

Ursprung und Verbreitung des Weltuntergangsmythos im Jahr 2012

Der Mythos um den Weltuntergang im Jahr 2012 hat seine Wurzeln tief im Labyrinth der Menschheits- und Mediengeschichte. Schon seit Jahrhunderten haben Kulturen und Zivilisationen über das Ende der Welt spekuliert, doch selten hat eine Vorhersage so viel globale Aufmerksamkeit erregt wie die Behauptung, dass der 21. Dezember 2012 das Ende der Welt bringen würde. Das Datum stammt aus dem Maya-Kalender, genauer gesagt aus dem auslaufenden 13. Baktun, und es wurde in einer Weise verdreht und missverstanden, dass eine unfassbare Welle der Panik und Sensationsgier entfesselt wurde.

Die ursprünglichen Maya-Prophezeiungen sprechen keineswegs vom Ende der Welt. Vielmehr markierte der Abschluss des 13. Baktun einen bedeutenden Übergang, einen neuen Zyklus im Maya-Kalender. Der Fokus der Maya lag immer auf zyklischem Denken - Zeit als endlose Abfolge von Phasen, von denen jede ihre eigenen Qualitäten und Einflüsse hat. In der Maya-Kultur symbolisiert das Ende eines Zyklus keinen physischen oder apokalyptischen Untergang, sondern eine Transformation und Erneuerung.

Die Geschichte des Weltuntergangsmythos' im Jahr 2012 beginnt jedoch nicht mit den Maya selbst, sondern mit modernen Interpreten und Pseudowissenschaftlern, die in den 1970er und 1980er Jahren begannen, Maya-Astronomie durch eine selektiv eingebettete, oft sensationalistische Linse zu betrachten. Eines der einflussreichsten Bücher dieser Zeit war „*Chariots of the Gods*" (1968) von Erich von Däniken, der vorschlug, dass antike Monumente und Schriften, einschließlich der Maya-Kultur, das Werk von außerirdischen Besuchern seien. Während sich sein Buch mehr auf die Vergangenheit konzentrierte, legte es den Grundstein für ein wachsendes Interesse an interpretativen Spekulationen über die Bedeutung alter Kalendersysteme.

Mit dem Aufkommen des Internets in den 1990er Jahren wurde es einfacher, Theorien und „Beweise" miteinander zu verknüpfen und so komplexe Hypothesen über bevorstehende Katastrophen zu konstruieren. Im Jahr 1995 veröffentlichte José Argüelles, ein bedeutender New-Age-Autor und Künstler, sein Buch „*The Mayan Factor: Path Beyond Technology*", worin er 2012 als das „Ende der Zeit" bezeichnete. Diese Aussage fand in der New-Age-Gemeinde erheblichen Anklang und nährte die Vorstellung, dass die Maya den physischen Untergang der Welt prophezeit hätten.

Parallel zu diesen Entwicklungen sahen sich durch Hollywood-Filme und populäre Medienberichterstattung übermäßig dramatische Interpretationen verbreitet. Der Film „*2012*" (2009), inszeniert von Roland Emmerich, stellte eine apokalyptische Vision mit spektakulären Katastrophen dar, die das kollektive Imaginäre erregten und die Vorstellung eines bevorstehenden Weltuntergangs festigten. Mainstream-Medien berichteten über den Maya-Kalender und seine angeblichen Prophezeiungen oft ohne sorgfältige Untersuchung der historischen und kulturellen Kontexte, was zu weiterer Verwirrung und Missverständnissen führte.

Zudem verstärkte die jährliche Berichterstattung über „Weltuntergangsprophezeiungen" in Nachrichtenprogrammen und Magazinen nur die Panik. Erzählt in alarmierenden Tönen und mit dramatischen Bildern war es unvermeidlich, dass die Faszination für das Thema wuchs. Millionen Menschen weltweit wurden durch diese Berichterstattung dazu bewegt, sich mit Vorhersagen auseinanderzusetzen und unterschiedliche, oft miteinander widersprüchliche Theorien zu verbreiten.

Aber das Missverständnis geht noch weiter zurück, sogar bis zur Umdeutung von Maya-Artefakten und Schriften durch frühe Forscher und Kolonialgeschichtsschreiber. Die Arbeiten von Forschern wie Sylvanus Morley, der als Pionier der Maya-Forschung gilt, wurden in der frühen Moderne zwar hoch geschätzt, jedoch oft fehlerhaft interpretiert. Diese frühen Interpretationen legten fälschlicherweise nahe, dass die Maya verschiedene apokalyptische Ereignisse vorhergesehen hätten. Dabei wurden komplexe kalendarische und mathematische Systeme häufig falsch verstanden und falsch dargestellt, was den Boden für zukünftige Missverständnisse bereitete.

Im Laufe der Jahre wuchs das kollektive Gedächtnis dieser Missverständnisse und eine Schicht nach der anderen wurde dem Mythos hinzugefügt. Die Medien bekamen eine großes Stück des Kuchens, indem sie Geschichten wiederaufnahmen und virale Phänomene um das Datum herum erzeugten.

Um den Mythos rund um 2012 vollständig zu verstehen, ist es entscheidend, die kulturellen und systemischen Zusammenhänge der Maya zu studieren sowie die modernen Mechanismen der Medienkritik und des kulturellen Sensationalismus zu hinterfragen. Die wahre Bedeutung des Maya-Kalenders liegt in seinem tiefen Verständnis der zyklischen

Zeit und der spirituellen Transformation, nicht in der dunklen Vorhersage eines globalen Untergangs.

Der eigentliche Maya-Kalender und seine langfristigen Zyklen

Die faszinierende Welt des Maya-Kalenders ist häufig missverstanden und wird oft als ein vermeintlich finsteres Orakel betrachtet, das das Ende der Welt vorhersagt. Doch um den wahren Wert und die tiefere Bedeutung des Maya-Kalenders vollständig zu erfassen, ist es entscheidend, seine Struktur und die langfristigen Zyklen, die er umfasst, zu verstehen.

Der Maya-Kalender besteht aus mehreren miteinander verwobenen Zyklen, die in einer hochkomplexen und präzisen Weise orchestriert sind. An der Basis steht der sogenannte *Tzolkin*, ein heiliges Ritual-Kalendersystem, das aus 260 Tagen besteht, geteilt in 13 Perioden von je 20 Tagen. Zusätzlich gibt es den *Haab*, ein solar-basierter Kalender mit 365 Tagen, angeordnet in 18 Monate zu je 20 Tagen, plus einem zusätzlichen kurzen Monat namens *Wayeb,* der fünf "unglückliche" Tage umfasst. Diese zwei Kalendersysteme laufen parallel und erneut nach einem Zeitraum von 52 Jahren synchron.

Neben diesen kurzfristigen Zyklen gibt es auch langfristigere, die sogenannten *Baktun-Zyklen* des Maya-Kalenders. Ein Baktun umfasst 144.000 Tage, etwa 394,26 Jahre. Der Kalender setzt sich aus 13 solcher Baktuns zusammen, was insgesamt etwa 5.125 Jahre ergibt, auch bekannt als die "Lange Zählung". Es ist das Ende eines dieser 13-Baktun-Zyklen, das am 21. Dezember 2012 endete und bei vielen Menschen die Furcht vor einem kosmischen Weltuntergang auslöste.

Doch der eigentliche Maya-Kalender geht weit über das Jahr 2012 hinaus. Während der Abschluss des 13. Baktun eine bedeutungsvolle Zeit darstellte, bedeutete dies nicht das Ende der Zeit selbst. Vielmehr markierte es einen Übergang zu einem neuen Zyklus, ähnlich wie der Jahreswechsel im westlichen Kalender. Die Maya sahen solche Übergänge als Gelegenheiten für Erneuerung und Wandel.

Ein tieferes Verständnis dieser langfristigen Zyklen zeigt uns, dass die Maya ausgefeilte Zeitmesstechniken entwickelt hatten, um astronomische Ereignisse zu verfolgen und ihre Bedeutung für das Leben auf Erden zu interpretieren.

Dieses Wissen erstreckte sich über Jahrhunderte und zeigte ihre Fähigkeit, Zeit in sehr langen Intervallen zu betrachten - eine Lektion, die auch in unserer heutigen, schnelllebigen Welt von unschätzbarem Wert ist.

Nicht nur die strukturierte Präzision, mit der die Maya ihre Kalenderzyklen definierten, ist bemerkenswert, sondern auch die spirituellen und kulturellen Bedeutungen, die sie ihnen beimaßen. Zeit war für die Maya nicht nur eine Abfolge von Augenblicken, sondern ein heiliger Fluss - ein ewiger Kreislauf von Geburt, Tod und Wiedergeburt, der mit tiefer Symbolik und rituellen Praktiken verknüpft war.

Zu verstehen, wie sich diese langfristigen Zyklen in der Maya-Kultur manifestierten, erfordert ein introspektives Eintauchen in ihre spirituelle und astronomische Sichtweise. Die 13-Baktun-Zyklen galten als kosmische Zeitalter, in denen bestimmte göttliche Eigenschaften und Einflüsse vorherrschten. Das Ende eines Baktun war traditionell eine Zeit der rituellen Reinigung und Neuausrichtung, in der die Menschen sich darauf vorbereiteten, die Energien des neuen Zeitalters zu begrüßen.

Die Maya-Kalenderzyklen lehren uns daher nicht nur über die Konstruktion der Zeit, sondern auch über die zyklische Natur des Lebens selbst. Dieser Gedanke hat zu einer Wiederbelebung des Interesses an Maya-Kalendern und ihrer Anwendung in der heutigen spirituellen Praxis geführt. Menschen weltweit nutzen die Prinzipien des Maya-Kalenders, um Veränderungen im Leben zu interpretieren und sich auf kommende Übergänge vorzubereiten - ein echter Beweis für die zeitlose Relevanz und Weisheit dieses alten Systems.

Indem wir die langfristigen Zyklen des Maya-Kalenders entmystifizieren und seinen wahren Zweck verstehen, können wir tiefer in das kollektive Bewusstsein und die spirituellen Praktiken der Maya eintauchen. Statt ängstlich vor dem vermeintlichen Weltuntergang zurückzuschrecken, können wir die Gelegenheit nutzen, unser eigenes Verständnis von Zeit, Veränderung und erneuter Möglichkeiten zu erweitern. In dieser Weise ist der Maya-Kalender nicht nur ein antikes Artefakt, sondern ein lebendiges Werkzeug für spirituelles Wachstum und Einsicht in die tieferen Rhythmen des Universums.

Wissenschaftliche Perspektiven und kulturelle Relevanz nach 2012

Nach dem Jahr 2012, als viele Ängste und Spekulationen über einen bevorstehenden Weltuntergang die Welt in Atem hielten, hat sich der Blick sowohl der wissenschaftlichen als auch der kulturellen Gemeinschaft stark verändert. Diese Ereignisse boten eine einzigartige Gelegenheit, tiefere Einblicke in die Maya-Kultur und ihre Kalender zu gewinnen. Die wissenschaftlichen Perspektiven und die kulturelle Relevanz, die sich seither entwickelt haben, sind von bedeutender Tragweite und haben unser Verständnis der Vergangenheit und der Zukunft maßgeblich erweitert.

Die Wissenschaft hat sich intensiv mit den Mechanismen und der Bedeutung des Maya-Kalenders auseinandergesetzt. Dabei wurde festgestellt, dass der Kalender keineswegs das Ende der Welt prophezeit hat, sondern vielmehr Teil eines komplexen Systems von Zeitzyklen ist. Diese Zyklen sind eng mit astronomischen Beobachtungen und mythologischen Vorstellungen der Maya verbunden. Eine der zentralen Erkenntnisse ist, dass das Ende eines Baktun-Zyklus eine Zeit des Übergangs und der Erneuerung darstellt, ähnlich dem Wechsel eines Jahrtausends in westlichen Kulturen.

Wissenschaftler wie Dr. John Major Jenkins wiesen darauf hin, dass der Maya-Kalender vielmehr eine symbolische Bedeutung hat und das Ende eines Zyklus keinesfalls das Ende der Welt bedeutet. Vielmehr repräsentiert es einen neuen Beginn. Dr. Jenkins erklärte: "Die Maya sahen die Zeit als einen zyklischen Prozess, in dem jeder Zyklus ein Mal auf eine höhere Ebene führt." Diese zyklische Sichtweise erfordert eine Neuausrichtung unseres Denkens über Zeit und Existenz selbst.

Nachdem die Aufregung um 2012 abgeklungen war, nahmen wissenschaftliche Untersuchungen über den Kalender und die Maya-Zivilisation Fahrt auf. Archäologische Entdeckungen, wie die von Dr. David Stuart und seinen Kollegen an der University of Texas, gaben tiefere Einblicke in die Nutzung und Bedeutung des Kalenders im Alltag der Maya. Diese Arbeit zeigte, dass der Kalender nicht nur aus einer wissenschaftlichen Perspektive ein bemerkenswertes System zur Berechnung von Zeit ist, sondern auch von großer kultureller Bedeutung.

Kulturell gesehen hat die Post-2012-Ära eine Wiederbelebung des Interesses an den Traditionen und Weisheiten der

Maya erlebt. Indigene Gemeinschaften haben verstärkt ihre Geschichten und Interpretationen des Kalenders geteilt, was zu einem größeren Verständnis und Respekt für ihre Kultur geführt hat. Das Jahr 2012 wurde somit zu einem Katalysator für eine breitere Auseinandersetzung mit der kulturellen Relevanz und den spirituellen Lehren der Maya.

Wichtig ist auch die Erkenntnis, dass die Maya-geprägten Vorstellungen von Zeit und Zyklen eine wichtige Rolle in der modernen ökologischen und spirituellen Bewegung spielen. Im Rahmen der zunehmenden Umwelt- und Nachhaltigkeitsdiskussionen bietet der Maya-Kalender ein Modell für ein tiefes Verständnis der natürlichen Rhythmen und Wechselwirkungen. Viele moderne spirituelle Praktiker und Umweltschützer haben begonnen, die zyklischen Weisheiten der Maya in ihre Praxis zu integrieren, um nachhaltigere Lebensweisen zu fördern.

Zusammenfassend lässt sich sagen, dass die wissenschaftlichen Perspektiven eine tiefere Achtung und Wertschätzung für die Komplexität des Maya-Kalenders und die Kultur, die ihn hervorgebracht hat, gefördert haben. Diese Zeit nach 2012 hat eine wertvolle Gelegenheit geboten, die mystischen und doch wissenschaftlich fundierten Weltsichten der Maya zu erkunden und deren Bedeutung in unserem heutigen Kontext zu erkennen. Es ist eine Reise, die uns lehrt, Vergangenheit und Zukunft mit neuen Augen zu sehen und eine tiefere Verbindung zum Kreislauf des Lebens zu schaffen.

Der Tzolkin: Der heilige Kalender und seine tägliche Anwendung

Die 260 Tage des Tzolkin: Ein Zyklus des Lebens und der Spiritualität

Der Tzolkin, auch als der Heilige Kalender der Maya bekannt, umfasst einen Zyklus von 260 Tagen. Dieser faszinierende und komplexe Kalender diente nicht nur zur Zeitmessung, sondern auch als spiritueller Leitfaden und Werkzeug zur Harmonie zwischen Mensch und Kosmos. Die 260 Tage des Tzolkin gehen weit über die bloße Darstellung von Zeit hinaus. Sie bilden einen lebendigen und dynamischen Zyklus des Lebens und der Spiritualität, der tief in der Kultur und Philosophie der Maya verwurzelt ist.

Der Tzolkin besteht aus einer Kombination von 20 verschiedenen Tagesnamen, den sogenannten Nawales, und 13 Numeralen. Jeder Tag im Tzolkin wird durch eine einzigartige Kombination dieser beiden Elemente dargestellt, wodurch

260 verschiedene Tage oder Energien entstehen. Diese spezifische Struktur ermöglicht es den Maya, den Charakter und die Energie jedes einzelnen Tages zu bestimmen, was für ihre spirituellen und alltäglichen Aktivitäten von großer Bedeutung war.

Um das Wesen des Tzolkin vollständig zu verstehen, ist es essenziell, sich mit den Bedeutungen der 20 Nawales und den 13 Numeralen vertraut zu machen. Jeder Nawal repräsentiert eine spezifische kosmische Energie, die mit verschiedenen Aspekten des Lebens, der Natur und der menschlichen Existenz in Verbindung steht. Zum Beispiel symbolisiert der Nawal Imix den Drachen oder das Krokodil, das für die weibliche Energie und die Schöpfung steht, während der Nawal Ix den Jaguargeist darstellt, welcher mit Magie, Arbeit und der Verbindung zur Erde assoziiert wird.

Die numerischen Komponenten des Tzolkin, die von 1 bis 13 reichen, sind ebenfalls von großer Bedeutung. Jede Zahl hat eine eigene spirituelle Bedeutung und beeinflusst die Qualität des Tages, an dem sie auftritt. Die Zahl 1 steht für Einheit und Neuanfang, während die Zahl 13 Transformation, das Ende eines Zyklus und den Übergang in eine neue Phase symbolisiert. Diese nahtlose Integration von numerischen und symbolischen Elementen schafft eine tiefgreifende und vielschichtige Struktur, die es den Maya ermöglichte, die subtile Dynamik und Energie jedes Tages zu verstehen.

Der 260-Tage-Zyklus des Tzolkin spielt in vielen Aspekten des Lebens der Maya eine zentrale Rolle. Besonders in der Landwirtschaft, in Ritualen und Zeremonien sowie in der individuellen spirituellen Praxis sind die Richtlinien und Energien des Tzolkin unverzichtbar. So wurden beispielsweise landwirtschaftliche Tätigkeiten entsprechend der Energien des Tzolkin geplant und durchgeführt, um optimale Ernten zu gewährleisten und die Harmonie zwischen Mensch und Natur zu bewahren.

Ein weiteres wichtiges Anwendungsgebiet des Tzolkin war die soziale und spirituelle Struktur der Gemeinschaft. Zeremonielle Tätigkeiten, wie Geburten, Hochzeiten und Begräbnisse, wurden häufig in Übereinstimmung mit den spezifischen Energien und Bedeutungen der Tzolkin-Tage durchgeführt. Ein Kind, das an einem bestimmten Tag des Tzolkin geboren wird, wird angenommen, spezielle Fähigkeiten oder eine bestimmte Bestimmung zu haben, die mit der Energie seines Geburtstages verbunden sind. Diese Überzeugungen und Praktiken unterstreichen die tiefe Verbindung der Maya zur kosmischen Ordnung und zur spirituellen Essenz des Lebens.

Im modernen Kontext bietet der 260-Tage-Zyklus des Tzolkin weiterhin wertvolle Einsichten und Werkzeuge für persönliche und spirituelle Entfaltung. Viele Menschen, die sich für New Age-Themen und alternative spirituelle Praktiken interessieren, finden im Tzolkin Inspiration und Orientierung. Durch die Auseinandersetzung mit den täglichen Energien des Tzolkin können sie ihre eigenen Leben harmonisieren und ein tieferes Verständnis für die spirituelle Dynamik des Universums erlangen.

Zusammenfassend lässt sich sagen, dass der Tzolkin weit mehr als nur ein antiker Kalender ist. Er stellt ein umfassendes und tiefgreifendes System dar, das die kosmische Ordnung und die spirituelle Essenz des Lebens widerspiegelt. Die 260 Tage des Tzolkin laden uns ein, die Verbindungen zwischen unseren täglichen Erfahrungen und der größeren kosmischen Struktur zu erkunden. Sie bieten uns die Möglichkeit, in Harmonie mit dem Universum zu leben und unsere eigene spirituelle Reise bewusster und erfüllter zu gestalten.

Die 20 Nawales: Geistige Energien und ihre tägliche Einflüsse

Die Maya-Kultur, eines der bedeutendsten indigenen Völker Mesoamerikas, hat ein tiefes Verständnis für die zyklische Natur der Zeit entwickelt. Ein zentrales Element dieses Verständnisses ist der heilige Kalender, der Tzolkin. Dieser Kalender, bestehend aus 260 Tagen, ist unterteilt in 20 Nawales - geistige Energien oder Wesenheiten, die jeweils einen Tag regieren. Diese täglichen spirituellen Einflüsse sind mehr als bloße Kalenderdaten; sie sind Verkörperungen kosmischer Energien, die das Leben in verschiedenen Aspekten beeinflussen.

Die 20 Nawales bieten tiefe Einblicke in die spirituelle und energetische Dynamik jedes Tages. Jeder Nawal ist mit spezifischen Qualitäten und Herausforderungen verbunden, die das Leben der Menschen leiten und formen können. Um die Bedeutung und den Einfluss dieser geistigen Energien zu verstehen, ist es wichtig, sich mit den einzelnen Nawales und ihren Attributen vertraut zu machen.

1. IMIX - Der Drachen

IMIX repräsentiert den Anfang, die Schöpfung und die Entstehung neuer Ideen. Dieser Nawal steht für den Ursprung aller Dinge und bringt kreative Energie sowie die Kraft der Transformation. Die Tage, die von IMIX regiert werden, sind ideal, um neue Projekte zu initiieren und den Samen für zukünftige Entwicklungen zu pflanzen.

2. IK - Der Wind

IK steht für den Wind, Atem und die Lebenskraft. Dieser Nawal symbolisiert Bewegung und Kommunikation. Er bringt eine Energie des Wandels und der Erneuerung, ähnlich einer frischen Brise, die alte Strukturen hinwegfegt und Platz für Neues schafft. An IK-Tagen ist es günstig, sich auf Kommunikation und den Austausch von Ideen zu konzentrieren.

3. AKBAL - Die Nacht

AKBAL repräsentiert die Dunkelheit, das Unbewusste und die innere Reise. Dieser Nawal bietet die Energie zur Selbstreflexion und zum Eintauchen in die tieferen Schichten der eigenen Psyche. AKBAL-Tage sind ideal zum Träumen, Meditieren und für introspektive Arbeiten.

4. KAN - Die Eidechse

KAN symbolisiert die Energie der Erneuerung und den feurigen Aspekt des Lebens. Dieser Nawal bringt eine kraftvolle, transformierende Energie, die für das Wissen und die Kreativität steht. An KAN-Tagen fühlt man sich oft inspiriert und voller Tatendrang, um Wissen zu erlangen und kreative Projekte voranzutreiben.

5. CHIKCHAN - Die Schlange

CHIKCHAN steht für die Lebenskraft und die sinnliche Energie. Diese Kraft repräsentiert die Verbindung zum Körper und zu den instinktiven Aspekten des Lebens. Tage, die von CHIKCHAN regiert werden, sind gut geeignet, um die eigene Vitalität zu stärken und sich mit der physischen Welt zu verbinden.

6. KIMI - Der Tod

KIMI repräsentiert den Tod und die Wiedergeburt. Dieser Nawal steht für das Ende von Zyklen und die Transformation durch Loslassen. KIMI-Tage sind gut geeignet, um alte Verhaltensmuster und Begrenzungen loszulassen, Raum für die Erneuerung zu schaffen und sich auf das Wesentliche zu konzentrieren.

7. MANIK - Der Hirsch

MANIK symbolisiert Heilung und Balance. Dieser Nawal bringt eine heilende Energie, die sowohl den Körper als auch den Geist beruhigt und harmonisiert. An MANIK-Tagen ist es gut, sich auf Heilpraktiken zu konzentrieren, sei es körperlich oder spirituell, um das innere und äußere Gleichgewicht wiederherzustellen.

8. LAMAT - Der Hase

LAMAT steht für Überfluss und Fruchtbarkeit. Dieser Nawal symbolisiert die facettenreiche Natur des Lebens und die vielen Möglichkeiten, die uns zur Verfügung stehen. LAMAT-Tage sind hervorragend geeignet, um sich auf kreative Projekte zu konzentrieren und Fülle in allen Lebensbereichen zu manifestieren.

9. MULUK - Das Wasser

MULUK repräsentiert das Element Wasser und steht für Emotionalität und Reinigung. Dieser Nawal bringt eine fließende Energie, die Emotionen klärt und transformiert. MULUK-Tage sind ideal, um sich emotional zu reinigen und sich mit der inneren Quelle zu verbinden.

10. OK - Der Hund

OK symbolisiert Loyalität, Führung und bedingungslose Liebe. Dieser Nawal bringt eine Energie der Treue und des Dienstes an anderen. An OK-Tagen ist es günstig, sich auf zwischenmenschliche Beziehungen und die Unterstützung der Gemeinschaft zu konzentrieren.

11. CHUEN - Der Affe

CHUEN steht für Kreativität, Verspieltheit und die Kunstfertigkeit. Dieser Nawal bringt eine spielerische und kreative Energie, die Freude und Erneuerung aktiviert. CHUEN-Tage sind gut geeignet, um sich künstlerischen Projekten zu widmen und das innere Kind zu nähren.

12. EB - Der Mensch

EB repräsentiert das menschliche Leben und die Vitalität. Dieser Nawal steht für das Menschsein, das Lernen und die persönlichen Erfahrungen. EB-Tage sind ideal, um sich auf persönliche Entwicklung und das spirituelle Wachstum zu konzentrieren.

13. BEN - Der Schilfrohr

BEN symbolisiert die Stabilität und das Wachstum. Dieser Nawal bringt eine flexible und gleichzeitig stabile Energie, die das Gleichgewicht in unserem Leben bringt. An BEN-Tagen ist es von Vorteil, nach Stabilität und Harmonie in allen Lebensbereichen zu streben.

14. IX - Der Jaguar

IX steht für Macht, Weisheit und die Verbindung zur mystischen Seite des Lebens. Dieser Nawal bringt eine transformative und magische Energie, die tiefgehende Veränderungen fördert. IX-Tage sind gut geeignet, um sich mit der spirituellen Praxis und der Suche nach tiefem Wissen zu beschäftigen.

15. MEN - Der Adler

MEN repräsentiert Vision, Klarheit und Weitsicht. Dieser Nawal bringt eine erleuchtende Energie, die es ermöglicht, das größere Bild zu sehen und zukunftsorientierte Entscheidungen zu treffen. MEN-Tage sind ideal, um Pläne zu schmieden und Visionen zu entwickeln.

16. CIB - Der Geier

CIB symbolisiert die spirituelle Kriegerenergie und die Weisheit der Ahnen. Dieser Nawal bringt eine kraftvolle Energie der Reinigung und Transformation durch Erkenntnis und Einsicht. An CIB-Tagen ist es günstig, sich mit der Vergangenheit zu versöhnen und spirituelle Lektionen anzunehmen.

17. CABAN - Die Erde

CABAN steht für die Erde und die Synchronisation mit den natürlichen Rhythmen. Dieser Nawal bringt eine erdende und ausgleichende Energie, die uns mit Mutter Erde und den natürlichen Zyklen verbindet. CABAN-Tage sind ideal, um sich auf Umweltbewusstsein und natürliche Heilmethoden zu konzentrieren.

18. ETZNAB - Der Spiegel

ETZNAB repräsentiert die Reflexion und die Klarheit der Gedanken. Dieser Nawal bringt eine Energie der Wahrheit und Erkenntnis, wie ein Spiegel, der echte Bilder zeigt. ETZNAB-Tage sind gut geeignet, um sich der Selbsterkenntnis und der Wahrheit zu widmen.

19. CAUAC - Der Sturm

CAUAC symbolisiert die Energie des Sturms und der Reinigung. Dieser Nawal bringt transformative Kräfte, die alte Strukturen niederreißen, um Platz für Neues zu schaffen. An CAUAC-Tagen sind Veränderung und Neuanfang besonders unterstützt.

20. AHAU - Die Sonne

AHAU repräsentiert die Erleuchtung, die Vollendung und die höchste Energie der Sonne. Dieser Nawal bringt Klarheit, Erleuchtung und Ganzheit im Leben. AHAU-Tage sind ideal, um sich auf spirituelles Wachstum und die Suche nach Erleuchtung zu fokussieren.

Die tägliche Anwendung der 20 Nawales im Tzolkin bringt uns in Einklang mit den kosmischen Energien und ermöglicht es uns, bewusst Entscheidungen zu treffen und spirituelle Ziele zu verfolgen. Indem wir die Eigenschaften jeden Nawals kennen und verstehen, können wir ihre Einflüsse optimal nutzen, um unser persönliches und spirituelles Wachstum zu fördern.

Dieser tiefgreifende Kalender ist mehr als ein einfaches Zeitsystem; er ist eine lebendige Verbindung zur kosmischen Weisheit der Maya und ein kraftvolles Werkzeug für jeden, der danach strebt, ein bewussteres und erfüllteres Leben zu führen.

Anwendungen des Tzolkin in modernen spirituellen Praktiken

In der modernen spirituellen Praxis hat der Tzolkin als heiliger Kalender der Maya seinen festen Platz gefunden. Mehr als ein bloßes historisches Relikt bietet der Tzolkin zeitlose Weisheit und Führung für diejenigen, die bereit sind, sich seinen Rhythmen und Mustern anzupassen. Durch die Betrachtung der spirituellen Energien jedes der 260 Tage und die gezielte Einbindung dieser Energien in das tägliche Leben, kann der Tzolkin zu einem mächtigen Werkzeug für persönliche Wachstumsprozesse und spirituelle Entwicklung werden.

Eine der Hauptanwendungen des Tzolkin in modernen spirituellen Praktiken ist die Meditation und Achtsamkeitspraxis. Jeder Tag im Tzolkin ist einer bestimmten Energie, bekannt als "Nawales", zugeordnet, die bestimmte Qualitäten und Attribute repräsentiert. Zum Beispiel der Nawal "Imix" steht für Geburt, Anfang und die Ursprungsenergie des Kosmos. Durch Meditation über diese Qualitäten können Praktizierende eine tiefere Verbindung zu diesen Energien herstellen und sie in ihrem täglichen Leben nutzen. Dies kann sowohl in geführten Meditationen als auch in stillen, selbstgeführten Sitzungen geschehen.

Die Anwendung der Tzolkin-Energien kann auch in der Gestaltung von Ritualen und Zeremonien hilfreich sein. Innerhalb des Maya-Glaubenssystems wurden Zeremonien oft anhand der spezifischen energetischen Qualitäten des Tages durchgeführt. Das bedeutet, dass ein Ritual zur Reinigung und Erneuerung am besten an einem Tag wie "Cimi" durchgeführt wird, der für den Tod und die Wiedergeburt steht. Moderne Praktizierende können diese traditionellen Weisheiten in ihre eigene spirituelle Praxis integrieren, indem sie Rituale planen, die im Einklang mit den Tzolkin-Energien stehen. Dadurch entsteht eine tiefere Resonanz und Potenzierung der spirituellen Absicht.

Ein weiterer faszinierender Aspekt der Anwendung des Tzolkin ist die persönliche Reflexion und Selbstanalyse. Der Tzolkin kann als spiritueller Spiegel dienen, der die Herausforderungen und Potenziale des Einzelnen an jedem Tag reflektiert. Durch die tägliche Beobachtung der vorherrschenden Nawal kann man Einblicke in persönliche Muster und

Zyklen gewinnen. Zum Beispiel könnte jemand feststellen, dass wiederkehrende Konflikte oder Herausforderungen immer an bestimmten Tagen auftreten, wenn eine spezifische Energie herrscht. Diese Erkenntnisse können dann genutzt werden, um gezielte spirituelle oder psychologische Arbeit zu leisten.

Die Verbindung zu den Tzolkin-Energien kann auch durch künstlerische Ausdrücke und kreative Projekte vertieft werden. Praktizierende können Kunstwerke, Musik oder Tanz kreieren, die von den Qualitäten und Geschichten der verschiedenen Nawales inspiriert sind. Diese kreativen Prozesse können nicht nur eine tiefere Verbindung zu den spirituellen Energien des Tzolkin fördern, sondern auch als mächtige Form der Selbstdarstellung und Heilung dienen.

Ein praktischer Weg, den Tzolkin in den Alltag zu integrieren, ist das Führen eines spirituellen Tagebuchs. Hierbei können die täglichen Energien des Tzolkin notiert und mit persönlichen Erlebnissen und Gefühlen verglichen werden. Dies fördert nicht nur das Bewusstsein für die subtilen Energien, die das Leben beeinflussen, sondern unterstützt auch den Prozess der persönlichen Reflexion und des spirituellen Wachstums. Für viele ist ein solches Tagebuch ein wertvolles Werkzeug, um die tiefere Bedeutung der täglichen Ereignisse im Lichte der Tzolkin-Energien zu verstehen.

Schließlich kann der Tzolkin auch als Leitfaden für das Verständnis zwischenmenschlicher Beziehungen dienen. Indem man die Tzolkin-Energien berücksichtigt, die an den Geburtstagen von Freunden und Familienmitgliedern vorherrschten, kann man tiefere Einsichten in ihre Persönlichkeiten und Seelenaufgaben gewinnen. Diese Erkenntnisse können dann genutzt werden, um harmonischere Beziehungen zu pflegen und Missverständnisse zu klären. Die Betrachtung der Verbindung der eigenen energetischen Muster mit denen der Menschen in unserem Umfeld kann helfen, das Netz des Lebens klarer zu sehen und harmonischer zu navigieren.

Indem man den Tzolkin in modernen spirituellen Praktiken auf verschiedene Weise anwendet, wird man nicht nur in die Tiefe und Weisheit der Maya-Tradition eingeführt, sondern auch in die transformative Kraft der Zeit selbst. Der Tzolkin bietet einen lebendigen, dynamischen Zugang zu den Zyklen des Lebens und der Spiritualität, der sowohl für individuelle als auch kollektive Entwicklung genutzt werden kann. In einer Welt, die oft vom linearen Zeitverständnis geprägt ist, erinnert uns der Tzolkin daran, dass die Zeit sowohl heilig als auch zyklisch ist, ständig neue Chancen für Wachstum und Veränderung bietet.

Die Bedeutung der 13 Baktun-Zyklen: Übergänge und Transformationen

Der Ursprung und die Struktur der Baktun-Zyklen

Die Maya-Zivilisation, die in der Blütezeit zwischen 250 und 900 n. Chr. in Mittelamerika florierte, entwickelte ein astronomisch fundiertes Kalendersystem, das die Zeit auf eine Art und Weise strukturierte, die sowohl praktisch als auch spirituell tiefgründig war. Dieses Kapitel untersucht den Ursprung und die Struktur der Baktun-Zyklen, einem grundlegenden Bestandteil des Maya-Kalenders, der für die Berechnung langer Zeiträume von entscheidender Bedeutung ist.

Ein Baktun-Zyklus umfasst 144.000 Tage, was ungefähr 394,26 Sonnenjahren entspricht. Der Begriff "Baktun" selbst leitet sich von den Wörtern „bak" (400) und „tun" (ein Jahr bestehend aus 360 Tagen) ab, die die Maya zur Berechnung ihrer Kalenderperioden verwendeten. Der Maya-Kalender besteht aus mehreren ineinandergreifenden Zyklen, von denen der Baktun-Zyklus einer der umfangreichsten ist. Diese langen Zyklen waren nicht nur ein Mittel zur Zeitmessung, sondern wurden auch als Perioden des Wandels und der Transformation betrachtet.

Historischen Texten zufolge begann der aktuelle Long Count Kalender am 11. August 3114 v. Chr., eine Schöpfungsgeschichte, die sich mit dem Beginn des ersten Baktun-Zyklus deckt. Die Maya glaubten, dass diese kosmische Ära durch den Übergang zur nächsten geprägt war, was zu einem neuen Anfang für die Welt führte. Diese zyklische Sichtweise der Zeit kontrastiert stark mit dem linearen Zeitverständnis der westlichen Welt.

Jeder der 13 Baktun-Zyklen repräsentiert eine bedeutende Periode in der kosmischen Geschichte der Maya. In der Struktur des Long Count Kalenders wurden kürzere Zyklen zu längeren zusammengefasst, was schließlich zu den großen Baktun-Zyklen führte. Zum Beispiel bildet ein Winal (ein Zyklus von 20 Tagen) 18 Uinals, die einen Tun von 360 Tagen ergeben. Über diese grundlegendere Einheit hinaus folgen noch größere Zyklen wie Katuns (20 Tuns), bis schließlich ein Baktun (144.000 Tage) vervollständigt ist.

Diese prägnante Strukturierung diente nicht nur als mathematisches und astronomisches System, sondern hatte auch tiefe spirituelle und philosophische Bedeutungen. Die Maya sahen in jedem Baktun-Zyklus die Manifestation göttlicher Energien, die sich auf irdische Angelegenheiten auswirkten. Diese Energieveränderungen prägten historische Ereignisse und kulturelle Entwicklungen. Jede Zeitperiode wurde als eine Gelegenheit für spirituelles Wachstum und Erneuerung angesehen.

Wissenschaftlich betrachtet, verwundert es nicht, dass die Maya so viel Wert auf die genaue Berechnung ihrer Zyklen legten. Ihre astronomischen Kenntnisse waren beeindruckend genau und ihre Fähigkeit, komplexe mathematische Konzepte zu entwickeln und zu nutzen, war bemerkenswert. Ein Beleg dafür ist die präzise Bestimmung des Jahrtausend Ereignisses am 21. Dezember 2012, das den Abschluss des 13. Baktun-Zyklus im Maya-Kalender markierte. Entgegen der populären Fehlinterpretation des "Weltuntergangs" deuteten die Maya diese Zyklenübergänge als Zeiten des Wandels und der Erneuerung, nicht als Endzeiten.

In moderner Interpretation symbolisiert ein Baktun-Zyklus eine Periode, in der Mensch und Natur harmonisch zusammenarbeiten sollten, um gesellschaftliche und spirituelle

Fortschritte zu erzielen. Das Konzept des Baktun lädt uns ein, Zeit nicht nur quantitativ, sondern auch qualitativ zu bewerten. Jeder Tag und jedes Jahr, eingebettet in diesen riesigen Zyklus, trägt zur spirituellen Reise der Menschheit bei.

Zusammengefasst verdeutlicht die Struktur der Baktun-Zyklen sowohl den umfassenden Umfang als auch die tiefgreifenden Details des Maya-Kalendersystems. Sie verkörpern eine komplexe, jedoch harmonische Verbindung von Mathematik, Astronomie und spirituellem Bewusstsein, die bis in die heutige Zeit hineinreicht. Diese beeindruckende Kohärenz und Komplexität laden uns ein, über die bloße Zählung der Tage hinauszugehen und die tieferliegenden Bedeutungen des Zeitflusses zu verstehen.

Historische Übergänge und deren Einfluss auf die Zivilisation

Die Geschichte der Menschheit ist von tiefgreifenden Phasen des Wandels und der Transformation geprägt. Dies gilt insbesondere im Kontext der 13 Baktun-Zyklen, welche die

Maya als grundlegenden Strukturrahmen für ihre historische und prophetische Betrachtung der Zeit nutzten. Die Bedeutung historischer Übergänge innerhalb dieser Zyklen offenbart sich in deren Einfluss auf die Zivilisationen, die sie prägten, und die dramatischen Veränderungen, die insbesondere in den späteren Phasen dieser Zyklen stattfanden.

Ein Baktun ist eine Zeitspanne von etwa 394,26 Jahren innerhalb des Maya-Kalenders. Gemeinsam bilden 13 Baktun-Zyklen eine Periode von rund 5.125 Jahren. Die Maya glaubten, dass diese Zyklen Phasen von Geburt, Wachstum, Blüte und schließlich Übergang oder Transformation darstellen. Das Ende eines Baktun-Zyklus markierte oft bedeutende kulturelle, spirituelle und gesellschaftliche Veränderungen.

Die historischen Übergänge, die in den verschiedenen Baktun-Zyklen auftraten, waren oft mit erheblichen Umwälzungen verbunden. Ein bemerkenswertes Beispiel ist das Ende des vierten Baktuns (um 1930 v. Chr.), das mit dem Niedergang früher mesoamerikanischer Zivilisationen und dem Aufstieg wichtiger kultureller Zentren wie El Mirador einherging. Diese Übergänge beeinflussten die spirituellen und kulturellen Praktiken der Menschen tiefgreifend und führten zu neuen Gesellschaftsstrukturen.

Im siebten Baktun (um 415 n. Chr.) erlebte die Maya-Zivilisation einen weiteren kritischen Übergang. Diese Zeit war durch bemerkenswerte Entwicklungen in der Architektur, Kunst und Schrift geprägt. Die urbanen Zentren wie Tikal und Calakmul erlebten eine Phase intensiver Blüte und Expansion. Der Einfluss dieser Übergänge auf die Zivilisation war enorm, da sie nicht nur die materielle Kultur, sondern auch die spirituelle und kosmologische Weltsicht der Maya weiterentwickelten.

Ein weiterer bedeutender Übergang ereignete sich am Ende des zehnten Baktuns (um 830 n. Chr.), als viele der großen Maya-Städte wie Tikal, Copán und Palenque aus noch immer umstrittenen Gründen verlassen wurden. Diese Phase des Niedergangs wurde oft als "Kollaps der klassischen Maya" bezeichnet. Obwohl dies ein Ende der großen Bauprojekte und der zentralisierten Kultur bedeutete, überlebten viele Maya-Gemeinschaften und passten sich den neuen Umständen an.

Ein faszinierender Aspekt der Maya-Übergänge innerhalb der Baktun-Zyklen ist ihr zyklisches Verständnis der Geschichte und Zeit. Anders als in der westlichen linearen Geschichtsschreibung, sahen die Maya diese Übergänge nicht als endgültige Endpunkte, sondern eher als transformative

Phasen, die zu neuen Anfängen führten. Die 13 Baktun-Zyklen gaben den Maya ein tiefes Verständnis für die ewigen Rhythmen von Aufstieg, Blüte, Verfall und Erneuerung. Diese Sichtweise ermöglichte es ihnen, die Herausforderungen und Chancen jeder Phase zu erkennen und entsprechend zu handeln.

Heute, nach dem Ende des 13. Baktun am 21. Dezember 2012, sind wir Zeugen eines weiteren großen Übergangs. Die Maya-Prophezeiungen deuteten nicht auf das Ende der Welt hin, sondern auf einen tiefen spirituellen Wandel und die Geburt eines neuen Zeitalters. Auch wenn es schwierig ist, die genauen Auswirkungen dieses Übergangs in Echtzeit zu erkennen, so sehen viele Menschen den Einfluss in der verstärkten globalen Aufmerksamkeit auf Nachhaltigkeit, Frieden und spirituelles Erwachen.

Die historischen Übergänge innerhalb der 13 Baktun-Zyklen bieten uns wertvolle Einblicke in die Fähigkeit der Menschheit, sich anzupassen und zu transformieren. Sie erinnern uns daran, dass jede Phase des Wandels, so herausfordernd sie auch sein mag, auch eine Chance für Wachstum und Erneuerung bietet. Dieses zyklische Verständnis der Zeit kann uns dazu inspirieren, die Herausforderungen unserer eigenen Zeit mit Weisheit und Perspektive anzugehen.

Prognosen und spirituelle Transformationen in den kommenden Jahren

Die Bedeutung der 13 Baktun-Zyklen im Maya-Kalender, auch bekannt als „Große Zyklen", ist tief verwurzelt in einer umfassenden Weltanschauung, die weit über das rein Kalenderische hinausgeht. Während diese Zyklen in der Vergangenheit durch eine Vielzahl von historischen und kulturellen Ereignissen geprägt wurden, eröffnen sie auch einen faszinierenden Blick auf die Zukunft. In dieser Hinsicht liefern die Baktun-Zyklen nicht nur chronologische Strukturen, sondern auch Einblicke in spirituelle Transformationen, die sich in den kommenden Jahren entfalten könnten.

Diese Prognosen basieren auf der jahrhundertelangen Beobachtung von kosmischen und irdischen Zyklen durch die Maya. Die Transformationen, die durch die Zyklen symbolisiert werden, betreffen nicht nur persönliche spirituelle Entwicklungen, sondern auch kollektive Bewusstseinsveränderungen. Die Maya glaubten, dass am Ende jedes Baktuns ein bedeutender Übergang stattfindet, ein Moment der Neuausrichtung und Erneuerung.

Die Epoche des 13. Baktun, die am 21. Dezember 2012 endete, wurde von vielen Forschern und Esoterikern als bedeutender Wendepunkt gesehen. Dieser spezifische Zyklus, der etwa 5.125 Jahre umfasste, markierte nicht das Ende der Welt, sondern das Ende eines großen Zyklus und den Beginn eines neuen. Laut einigen Interpreten beinhaltete diese Zeit eine Gelegenheit zur spirituellen Erneuerung und ein Aufstieg in höheres Bewusstsein.

„Die Maya sahen die Zeit als zyklisch an, und das Ende eines Zyklus bedeutete immer auch den Beginn eines neuen, höheren Zyklus", betont die Archäologin und Maya-Expertin Linda Schele. Diese kontinuierliche Erneuerung und die Fokussierung auf Transformation spiegelt sich in den Prognosen für die kommenden Jahre wider.

Die spirituelle Transformation, die uns in den kommenden Jahren erwartet, wird durch mehrere wichtige Faktoren gekennzeichnet sein, die auf alten Maya-Prinzipien basieren:

- Einen erhöhten Bewusstseinszustand: Jeder neue Baktun-Zyklus birgt die Möglichkeit eines höheren kollektiven Bewusstseins. Dies äußert sich in einer zunehmenden Sensibilität für kosmische Energien und einer Neuausrichtung auf harmonische Lebensweisen.

- Die Bedeutung von Gemeinschaft: In der neuen Ära wird die Bedeutung von Gemeinschaft und sozial vernetzten Strukturen, die auf gegenseitiger Unterstützung und kollektiver Bewusstseinsarbeit basieren, hervorgehoben.
- Harmonie mit der Natur: Die Maya glaubten an die tiefe Verbindung von Mensch und Natur. Künftige Transformationen werden eine Rückkehr zu natürlichen und nachhaltigen Lebensweisen umfassen.
- Individuelle spirituelle Entwicklung: Der Maya-Kalender betont auch die Bedeutung der individuellen Transformation durch spirituelle Praktiken, Meditation und Achtsamkeit, um inneren Frieden und eine tiefere Verbindung zum Universum zu erreichen.

Ein weiterer bedeutsamer Aspekt der kommenden Transformationen ist die Rolle der kosmischen Energien und deren Einfluss auf das menschliche Bewusstsein. Die Maya beobachteten aufmerksam die Bewegungen von Planeten, Sternen und anderen Himmelskörpern und glaubten, dass diese Bewegungen direkt in die spirituelle Entwicklung der Menschheit hineinwirkten. Der 13. Baktun ist in vieler Hinsicht symbolisch für eine Phase, in der diese kosmischen Energien besonders stark und transformativer Natur sind.

Aktuelle astrologische Forschungen und Prognosen weisen darauf hin, dass sich in den kommenden Jahren verschiedene planetare Konstellationen ereignen werden, die ähnliche transformative Prozesse in Gang setzen könnten. Diese Konstellationen werden als eine Zeit der Erweckung und des spirituellen Wachstums verstanden, in der viele Menschen ihr Bewusstsein erweitern und tiefere Ebenen der Realität erforschen werden.

Es gibt auch Hinweise darauf, dass wir uns in Richtung eines „Zeitalters des Lichts" bewegen, in dem spirituelle Erleuchtung und Frieden möglich sind. Historische Belege innerhalb der Maya-Prophezeiungen deuten darauf hin, dass solche Zeitalter durch eine erhöhte planetare Ausrichtung entstehen, was zu einem stärkeren Bewusstsein und einer besseren Verbindung mit dem Göttlichen führt.

Zusammenfassend lässt sich sagen, dass die Prognosen und spirituellen Transformationen der kommenden Jahre, basierend auf der tiefen Weisheit des Maya-Kalenders und den 13 Baktun-Zyklen, uns auf eine Reise der inneren und äußeren Veränderungen einladen. Diese Transformationen bieten die Möglichkeit, eine harmonischere Welt zu schaffen, in der Mensch und Natur im Einklang existieren, und uns auf den Weg zu einem höheren kollektiven Bewusstsein zu führen.

Indem wir uns auf diesen Prozess einlassen, öffnen wir uns für die Weisheit der Vergangenheit, um eine erfüllende und bedeutsame Zukunft zu gestalten. Die Schriften der Maya bieten uns die Werkzeuge und das Wissen, um diese Übergänge mit Bewusstsein, Verantwortung und spiritueller Klarheit zu meistern.

Die Energie der Tage: Verbindung zu den Maya-Nahuales

Die Rolle der Nahuales im täglichen Leben der Maya

Die Nahuales, jene mystischen Energien, die jedem Tag im Maya-Kalender ihre besondere Qualität verleihen, spielen eine zentrale Rolle im täglichen Leben der Maya. Eingebettet in die kosmische Ordnung und tief verwurzelt in der spirituellen Praxis, werden sie als lebendige Wesen verstanden, die mit den Menschen in einer dynamischen Wechselwirkung stehen. Diese tiefe Verbindung der Maya zu den Nahuales prägt nicht nur ihre täglichen Aktivitäten und Rituale, sondern ist auch ein Mittel zur persönlichen und gemeinschaftlichen Transformation.

Die Bedeutung der Nahuales entfaltet sich in vielen Facetten des Alltags. Im traditionellen Maya-Dorf beginnt jeder Tag mit einem Bewusstsein für die spezifische Energie, die der Nahual dieses Tages mit sich bringt. Diese Energien, die in einem zyklischen Muster von 260 Tagen im heiligen Tzolkin-Kalender wiederkehren, werden in einer Art spiritueller

Kalenderführung in das tägliche Leben integriert. Jeder Nahual trägt bestimmte Attribute und Bedeutungen, und die Maya glauben, dass die Kenntnis dieser Energien ihnen helfen kann, ihre Entscheidungen und Handlungen harmonisch auf die kosmischen Zyklen abzustimmen.

Zum Beispiel wird der Nahual „Imox" oft als Energie des Wassers und der kreativen Verwirrung betrachtet. An Tagen, die dieser Energie gewidmet sind, sind die Maya besonders aufmerksam auf ihre Träume und Intuition. Es ist eine Zeit, in der sie kreativen Projekten nachgehen, sich inspirieren lassen und nach Lösungen suchen, die vielleicht ungewöhnlich oder unorthodox sind. Dies zeigt anschaulich, wie die Nahuales als tägliche Navigationswerkzeuge dienen können, die den individuell und kollektiv günstigsten Zeiten für verschiedene Aktivitäten markieren.

Ein weiteres Beispiel ist der Nahual „K'at", der Spinne und dem Netzwerken zugeordnet wird. An diesen Tagen sind die Maya darum bemüht, ihre sozialen Kontakte zu pflegen, Netzwerke zu stärken und kommunale Anliegen voranzutreiben. Dies ist eine Zeit, sich mit der Gemeinschaft zu verbinden, Zusammenarbeit zu fördern und gemeinsame Projekte zu initiieren.

Neben den individuellen Attributen der Nahuales gibt es auch präzise Rituale, die speziell darauf abgestimmt sind, die Energie des jeweiligen Nahual zu ehren und zu aktivieren. Diese Rituale - manche klein und einfach, andere komplex und umfassend - können das Anzünden von Kerzen, das Darbringen von Opfergaben wie Mais und Kakao, und das Rezitieren spezieller Gebete umfassen. Durch diese Praktiken suchen die Maya den Segen der Nahuales und versuchen, ihre eigenen Energien mit der harmonischen Resonanz der kosmischen Kräfte in Einklang zu bringen.

Ein besonders wichtiger Aspekt der Nahuales in der traditionellen Maya-Praxis ist ihre Rolle in den Zeremonien des Lebenszyklus, wie Geburt, Heirat und Tod. Diese Übergänge im Leben werden sorgfältig in Übereinstimmung mit der Energie des jeweiligen Nahuals geplant und ausgeführt. Die Wahl des richtigen Tages für eine Hochzeit, eine Namensgebung, oder eine andere wichtige Zeremonie, wird als wesentlicher Einflussfaktor auf das zukünftige Wohlergehen und Glück angesehen. Indem sie die Vorhersagen und Ratschläge der Weisen und spirituellen Führer befolgen, hoffen die Maya, das Beste aus den kosmischen Zyklen zu machen und göttliche Unterstützung zu erlangen.

Interessanterweise finden die Nahuales auch Anwendung in der traditionellen Maya-Medizin. Heiler und Schamanen verwenden dieses Wissen, um Behandlungen und Heilrituale zu kalibrieren, die auf den spezifischen Bedürfnissen und der Energetik des Patienten sowie der zum Zeitpunkt der Behandlung herrschenden Tagesenergie abgestimmt sind. Diese alten Heilmethoden basieren auf dem tiefen Verständnis der Wirkungen und Wirkungsweisen der Nahuales, und ihre Anwendung wird als essenziell für eine erfolgreiche Heilung und Genesung angesehen.

In den modernen Maya-Gemeinschaften, wo altes Wissen und neue Lebensweisen aufeinandertreffen, bleiben die Nahuales weiterhin eine Fundgrube an Weisheit und ein Handbuch für ein harmonisches Leben. Sie dienen als Erinnerung an die spirituellen Traditionen und als ein Werkzeug, um mitten in den Herausforderungen der heutigen Zeit einen Anker für Stabilität und Ausgeglichenheit zu finden. Indem die Menschen sich täglich mit den Energien der Nahuales verbinden, pflegen sie eine lebendige Beziehung zu ihrer Kultur, Geschichte und dem Universum selbst.

Die Rolle der Nahuales im täglichen Leben der Maya ist daher weit mehr als eine bloße folkloristische Tradition; sie ist ein Lebensweg, der sowohl das individuelle Wachstum als auch die kollektive Harmonie fördert. Die tiefe Kenntnis und das Bewusstsein dieser energetischen Kräfte ermöglichen den Maya, ein Leben im Einklang mit den kosmischen Rhythmen zu führen und sich im großen Netz des Lebens sicher und geborgen zu fühlen. So bleibt die Weisheit der Nahuales nicht nur eine Brücke zur Vergangenheit, sondern auch ein Leitfaden für eine bewusste und erleuchtete Zukunft.

Die spirituelle Bedeutung der einzelnen Nahuales

Die spirituelle Bedeutung der Nahuales ist ein tiefer und faszinierender Aspekt der Maya-Kultur und ihres Kalendersystems. Jeder Tag im Tzolkin, dem heiligen Kalender der Maya, ist mit einem bestimmten Nahual verbunden – einem spirituellen Wesen oder einer Energie, die spezifische Eigenschaften und Einflüsse besitzt. Die Bedeutung dieser Nahuales ist immens und reicht weit über das tägliche Leben hinaus, indem sie Weisheit und Orientierung für das spirituelle Wachstum und die persönliche Entwicklung bieten. Lassen Sie uns diese bedeutenden spirituellen Energien näher betrachten.

Die Nahuales als spirituelle Führer

Die Nahuales sind mehr als nur spirituelle Wesenheiten; sie werden als Führer und Beschützer betrachtet, die den Menschen auf ihrem Lebensweg begleiten. Jeder Nahual hat eine einzigartige Essenz und Energie, die sich auf die individuellen und kollektiven spirituellen Pfade auswirken kann. Sie repräsentieren nicht nur spezifische Kräfte und Muster, sondern verbinden die Menschen mit den kosmischen Zyklen und natürlichen Rhythmen des Universums. Das Verständnis der Nahuales kann dadurch zu einer tieferen Verbindung mit dem eigenen Selbst und der natürlichen Welt führen.

Die einzelnen Nahuales und ihre Bedeutungen

Im Tzolkin-Kalender gibt es 20 verschiedene Nahuales, die sich wiederholen und eine Kombination mit den Zahlen 1 bis 13 bilden. Jeder dieser Nahuales besitzt spezifische Eigenschaften, Symbole und Bedeutungen:

1. Imix: Symbolisiert den Drachen oder das Krokodil. Er steht für Schöpfung, Beginn und das Potenzial neuer Möglichkeiten. Imix ist mit nährenden und mütterlichen Kräften verbunden.

2. Ik: Repräsentiert den Wind und den Atem des Lebens. Ik steht für Kommunikation, Inspiration und Veränderungen. Diese Energie hilft, Klarheit und kreative Impulse zu finden.

3. Akbal: Symbolisiert die Nacht oder die Dunkelheit. Akbal steht für das Unbewusste, Träume und die inneren Welten. Es ist eine Zeit für Rückzug und Reflexion.

4. Kan: Repräsentiert die Schlange. Kan steht für Kraft, Transformation und Sexualität. Diese Energie ermöglicht tiefe Veränderungen und das Entfachen innerer Feuer.

5. Chicchan: Symbolisiert die生命エネルギーglobals.sql".

6. Cimi: Repräsentiert den Tod und die Wiedergeburt. Cimi steht für das Ende von Zyklen und den Beginn neuer. Es ist eine Zeit für Loslassen und Transformation.

7. Manik: Symbolisiert den Hirsch. Manik steht für Heilung, Balance und Harmonie. Diese Energie unterstützt Wohlbefinden und Gleichgewicht im physischen und spirituellen Leben.

8. Lamat: Repräsentiert den Stern. Lamat steht für Fülle, Schönheit und Kreativität. Diese Energie fördert künstlerischen Ausdruck und inneren Reichtum.

9. Muluc: Symbolisiert das Wasser und die Mondenergie. Muluc steht für Reinigung, Emotionen und Intuition. Es ist eine Zeit für inneres Wachstum und spirituelle Reinigung.

10. Oc: Repräsentiert den Hund. Oc steht für Loyalität, Liebe und Vertrauen. Diese Energie fördert tiefe Verbindungen und Beziehungen.

11. Chuen: Symbolisiert den Affen. Chuen steht für Verspieltheit, Humor und Kreativität. Diese Energie lädt ein, das Leben leicht zu nehmen und Freude zu kultivieren.

12. Eb: Repräsentiert den Menschen. Eb steht für Lebensweg, Schicksal und Dienst am Ganzen. Es ist eine Zeit, den eigenen Lebensweg bewusst zu gestalten.

13. Ben: Symbolisiert das Schilfrohr oder den Mais. Ben steht für Wachstum, Flexibilität und Verbindung. Diese Energie unterstützt persönliches und spirituelles Wachstum.

14. Ix: Repräsentiert den Jaguar. Ix steht für Weisheit, Magie und Schutz. Diese Energie stärkt intuitive Fähigkeiten und innere Macht.

15. Men: Symbolisiert den Adler. Men steht für Vision, Freiheit und Erhebung. Diese Energie ermöglicht Weitblick und spirituelle Höhenflüge.

16. Cib: Repräsentiert die Eule oder den Geier. Cib steht für Ahnenweisheit, Reue und Vergebung. Es ist eine Zeit der inneren Einkehr und der Verbindung mit den Ahnen.

17. Caban: Symbolisiert die Erde. Caban steht für Synchronizität, Harmonie und Erdverbundenheit. Diese Energie fördert Harmonie mit der Natur und dem Planetarischen.

18. Etznab: Repräsentiert das Feuersteinmesser. Etznab steht für Klarheit, Wahrheit und Reinigung. Diese Energie schneidet durch Illusionen und fördert Klarheit und Wahrheit.

19. Cauac: Symbolisiert den Sturm. Cauac steht für Transformation, Erneuerung und Reinigung. Diese Energie bringt tiefgehende Veränderungen, die den Weg für neues Wachstum ebnen.

20. Ahau: Repräsentiert die Sonne. Ahau steht für Vollendung, Erleuchtung und die Verbindung mit dem Göttlichen. Diese Energie unterstützt das Erreichen des höchsten Potenzials und der spirituellen Wahrheit.

Die Nahuales im persönlichen und kollektiven Leben

Jeder Mensch wird laut den Maya mit einem spezifischen Nahual geboren, das seine oder ihre Energie und Lebensweg prägt. Die Kenntnis und das Verständnis des eigenen Nahuales und der der Mitmenschen kann für persönliche und spirituelle Entwicklung enorm hilfreich sein. Diese Weisheiten können in alltäglichen Aktivitäten, spirituellen Praktiken und in der Selbstreflexion integriert werden, um ein harmonisches und erfülltes Leben zu führen.

Die Nahuales werden auch in der Gemeinschaft und in Zeremonien geehrt, um die kollektive Harmonie und das Gleichgewicht zu fördern. Ihre Kräfte erinnern uns daran, dass wir alle mit dem größeren kosmischen Rhythmus verbunden sind und dass das Leben an sich eine heilige Reise ist.

Fazit

Die spirituelle Bedeutung der Nahuales im Maya-Kalender ist zutiefst inspirierend und kann als kraftvolles Werkzeug für individuelle und kollektive spirituelle Entwicklung genutzt werden. Durch die Verbindung mit diesen alten Energien gewinnen wir Einsicht in uns selbst, die Natur und das Universum um uns herum. Indem wir die Nahuales ehren und ihre Weisheiten in unser Leben integrieren, öffnen wir uns für die tieferen Mysterien des Daseins und die ewige Reise des Geistes.

Praktische Anwendungen in der modernen Welt: Rituale und Meditationstechniken

Die Anwendung des Maya-Kalenders in der modernen Welt geht weit über die reine Theorie hinaus. Die Weisheit der Mayas, verkörpert in ihren Nahuales, kann zur persönlichen Erleuchtung und zum spirituellen Wachstum genutzt werden. Ein tiefes Verständnis dieser Energien ermöglicht es, Rituale zu gestalten und Meditationstechniken zu entwickeln, die sich in den Alltag integrieren lassen. Diese Praktiken bieten eine Möglichkeit, in Einklang mit den natürlichen und kosmischen Zyklen zu kommen, und können bedeutende Veränderungen im täglichen Leben bewirken.

Zunächst ist es wichtig, den Grundgedanken hinter der Energie der Nahuales zu verstehen. Jeder Tag im Tzolkin-Kalender ist mit einem bestimmten Nahual verbunden, einer Gottheit oder einem spirituellen Wesen, das bestimmte Qualitäten und Energien repräsentiert. Diese Energien können Menschen auf spezifische Weise beeinflussen und sind daher ideal für Rituale und Meditationen, die auf diesen Qualitäten basieren.

Rituale zur Ehren der Nahuales Das Konzept des Rituals ist eine zentrale Komponente in der spirituellen Praxis vieler Kulturen, und das ist auch bei den Maya nicht anders. Traditionelle Rituale zur Ehren der Nahuales können heutzutage an moderne Bedürfnisse angepasst werden, um eine tiefere Verbindung zur spirituellen Welt herzustellen.

Ein einfaches und dennoch kraftvolles Ritual besteht darin, morgens eine Kerze anzuzünden und einen kurzen Moment der Stille zu genießen, um die Energie des Tagesnahuales herbeizurufen. Während dieses Moments der Besinnung kann ein Gebet oder ein Mantra zur Ehren des Nahuales gesprochen werden, um sich auf dessen Stärken und positiven Eigenschaften zu konzentrieren. Dies hilft, den Tag mit einer klaren und fokussierten Absicht zu beginnen und die Energien des Nahuales zu kanalisieren.

Ein weiteres Ritual ist die Verwendung von natürlichen Elementen wie Wasser, Erde, Feuer und Luft, die jeweils die vier Richtungen repräsentieren: Norden, Süden, Osten und Westen. Diese Elemente können auf einem Altar platziert werden, begleitet von heiligen Gegenständen, die die spezifischen Aspekte des Nahuales darstellen. Solche Rituale stärken die Verbindung zur Natur und bringen Harmonie und Gleichgewicht in das tägliche Leben.

Meditationstechniken im Einklang mit den Nahuales Die Meditation ist ein mächtiges Werkzeug, um die Energien der Nahuales zu nutzen. Der Prozess der Meditation kann individuell angepasst werden, um die Qualitäten und Energien des spezifischen Tages zu reflektieren. Hier sind einige grundlegende Meditationstechniken, die sich leicht in den Alltag integrieren lassen.

Eine der effektivsten Methoden ist die Visualisierungsmeditation. Setzen Sie sich in eine bequeme Position und schließen Sie die Augen. Stellen Sie sich das Symbol oder das Bild des Nahuales vor, das mit dem jeweiligen Tag verbunden ist. Tauchen Sie tief in diese Vision ein, stellen Sie sich vor, wie Sie mit der Energie dieses Nahuales verschmelzen. Dies kann Ihnen helfen, die Qualitäten und Stärken dieses spirituellen Wesens in sich aufzunehmen.

Eine weitere Methode ist die Atemmeditation. Konzentrieren Sie sich auf Ihren Atem und atmen Sie tief und gleichmäßig ein und aus. Während Sie atmen, wiederholen Sie leise den Namen des Nahuales oder ein zu ihm passendes Mantra. Diese Praxis kann helfen, den Geist zu beruhigen und die spirituelle Energie zu zentrieren.

Eine besonders kraftvolle Technik ist die Töne-Meditation. Jeder Nahual wird mit bestimmten Klängen oder Tönen in Verbindung gebracht. Indem Sie diese Töne summen oder singen, können Sie eine tiefe Resonanz mit der Energie des Nahuales herstellen. Diese klangbasierte Meditation kann besonders wirkungsvoll sein, um eine unmittelbare energetische Verbindung herzustellen.

Integration in den Alltag Um das Beste aus der Weisheit des Maya-Kalenders zu ziehen, ist es wichtig, diese Praktiken in den täglichen Ablauf zu integrieren. Die Rituale und Meditationstechniken können hierbei als Werkzeuge dienen, um durch den Alltag navigieren zu können.

Beginnen Sie damit, sich täglich ein paar Minuten für eine dieser Praktiken zu reservieren. Sei es morgens ein kleines Ritual zur Einstimmung auf die Tagesenergie oder abends eine Meditation zur Reflexion und Verbindung mit den Nahuales - es sind diese kleinen, beständigen Handlungen, die langfristig zu einer tiefen spirituellen Transformation führen.

Die Anwendung der Nahuales und ihrer Energien in der modernen Welt erfordert kein umfassendes Wissen oder aufwändige Vorbereitungen. Vielmehr ist es die Absicht und die bewusste Verbindung mit den natürlichen und spirituellen Zyklen, die den Unterschied ausmachen.

Durch die Anreicherung des Alltags mit diesen alten und dennoch zeitlosen Praktiken bieten sich für jeden, der offen für spirituelle Wege ist, unbegrenzte Möglichkeiten zur persönlichen und spirituellen Weiterentwicklung. So wird der Maya-Kalender zu einem lebendigen Werkzeug der Erneuerung, das sowohl alte Weisheit als auch gegenwärtige Bedürfnisse und Herausforderungen miteinander verbindet.

Der Maya-Kalender und die moderne Spiritualität: Ein Praxisleitfaden

Integration des Maya-Kalenders in die tägliche spirituelle Praxis

Die Integration des Maya-Kalenders in die tägliche spirituelle Praxis eröffnet eine einzigartige Möglichkeit, innerhalb der Komplexität des modernen Lebens eine tiefere Verbindung zur natürlichen Welt, zur eigenen inneren Weisheit und zur kosmischen Ordnung zu finden. Der Maya-Kalender, insbesondere der heilige *Tzolkin*-Kalender, bietet uns eine präzise und mystische Landkarte der Zeit, die weit über die lineare Auffassung der Zeit hinausgeht, die in westlichen Gesellschaften vorherrscht. In diesem Unterkapitel widmen wir uns den praktischen Schritten und Überlegungen, wie dieser altehrwürdige Kalender in das tägliche spirituelle Leben integriert werden kann.

Das Verständnis des Tzolkin-Kalenders:

Der Tzolkin-Kalender besteht aus 260 Tagen und ist in 20 Perioden zu je 13 Tagen unterteilt, bekannt als die 13-Tage-Zyklen oder *trecenas*. Jede dieser 13-Tage-Zyklen beginnt mit einem bestimmten *Nahual* beziehungsweise spirituellen Energie bzw. Prinzip, welches den Charakter und die spirituelle Bedeutung des Tages prägt. Beginnend mit *Imix* (Krokodil), das für Geburt und Anfänge steht, bis hin zu *Ahau* (Herr/Lord), das für Vollendung und Meisterschaft steht, lädt uns der Tzolkin dazu ein, tiefer in die zyklische Natur des Lebens und unsere spirituelle Reise einzutauchen.

Tägliche Rituale und Meditationspraktiken:

Eine der wirkungsvollsten Methoden, den Tzolkin-Kalender in das tägliche Leben zu integrieren, ist die Praxis täglicher Rituale und Meditationen, die sich an den spezifischen Nahuales des jeweiligen Tages orientieren. Zum Beispiel kann ein Tag unter dem Zeichen von *B'en* (Schilf) für Stärkung und Stabilität genutzt werden, indem man meditiert und über persönliche Ziele und den inneren Halt reflektiert. Eine einfache Morgensitzung, in der man über das Nahual des Tages liest, nachdenkt und sich auf dessen Energie einstellt, kann einen erheblichen Einfluss auf das Tagesgeschehen haben.

Führung von spirituellen Tagebüchern:

Ein spirituelles Tagebuch kann ein wertvolles Werkzeug sein, um Erkenntnisse und Erfahrungen mit dem Tzolkin-Kalender zu dokumentieren. Durch das tägliche Notieren von Träumen, Meditationserfahrungen und inneren Eingebungen in Bezug auf das Nahual, kann eine tiefe persönliche und spirituelle Chronik entstehen. Zudem bietet das schriftliche Festhalten eine Möglichkeit zur Reflexion über wiederkehrende Muster und Themen, die in den 13-tägigen Zyklen immer wieder auftauchen.

Integration in die Natur und Achtsamkeitspraxis:

Der Maya-Kalender betont die tiefe Verbindung zwischen Mensch und Natur. Daher ist es nur natürlich, dass Achtsamkeit und Zeit in der Natur wesentliche Elemente der Integration in die tägliche Praxis darstellen. Beispielsweise könnten Spaziergänge in der Natur eine Gelegenheit sein, sich auf die Qualitäten des jeweiligen Nahuales zu besinnen und eine unmittelbare Harmonie mit der natürlichen Welt zu erfahren. Der Aufenthalt in der Natur ermöglicht auch eine Rückverbindung mit den Rhythmen der Erde und des Himmels - ein zentraler Aspekt in der Maya-Philosophie.

Gemeinschaftliche Zeremonien und Austausch:

Ein weiterer Weg zur Integration des Maya-Kalenders ist die Teilnahme an oder das Organisieren von Gemeinschaftszeremonien. Diese können einfache Versammlungen sein, bei denen gemeinsam die Energien des Tages beschworen und gefeiert werden. Solche Zeremonien tragen nicht nur zur sozialen Bindung und zum Austausch spiritueller Erfahrungen bei, sondern sie schwächen auch die Intensität individueller Praktiken ab, indem sie Unterstützung und Gemeinschaft bieten.

Astrologische Verbindungen und Jahreszyklen:

Der Maya-Kalender lässt sich auch mit westlichen astrologischen Praktiken in Einklang bringen, wodurch eine ganzheitliche Betrachtung des persönlichen und kollektiven Zeitgeschehens möglich wird. Durch die Kombination der Maya-Nahuales mit astrologischen Transiten, wie sie in der modernen Astrologie interpretiert werden, können tiefere Einsichten in die spirituellen und kosmischen Energien gewonnen werden, die die Jahreszyklen prägen.

Fazit: Der persönliche Weg zur Harmonie

Die tägliche Integration des Maya-Kalenders bietet eine reichhaltige und tiefgründige Methode, um jeder Lebensphase einen spirituellen Rahmen zu verleihen und jede

Handlung in Einklang mit der kosmischen und natürlichen Ordnung zu bringen. Durch die tägliche Auseinandersetzung mit den Nahuales, durch Meditation, Ritual und Naturverbundenheit, kann jeder von uns eine tiefere Beziehung nicht nur zu sich selbst, sondern auch zum gesamten Universum aufbauen. Diese Praxis erfordert Hingabe und beständige Aufmerksamkeit, doch die Belohnungen sind eine tief verwurzelte innere Harmonie und ein erweitertes Bewusstsein für die Rhythmen des Lebens. Die Integration des Maya-Kalenders in die tägliche spirituelle Praxis ist nicht nur eine Rückkehr zu alten Weisheiten, sondern auch ein Weg zur persönlichen Transformation und zum spirituellen Erwachen.

Nutzung des Tzolkin-Kalenders zur persönlichen Transformation

Der Tzolkin-Kalender, auch bekannt als der heilige Kalender der Maya, ist ein mächtiges Werkzeug für persönliche Transformation und spirituelles Wachstum. Seine 260 Tage, die sich aus 13 Zahlen und 20 Symbolen (Nahuales) zusammensetzen, bieten eine einzigartige Möglichkeit, den Rhythmus des Universums in unser tägliches Leben zu integrieren. Die Anwendung des Tzolkin-Kalenders kann tiefgreifende Veränderungen hervorrufen, indem er uns hilft, uns besser mit uns selbst und der Welt um uns herum zu verbinden.

Der erste Schritt zur Nutzung des Tzolkin-Kalenders zur persönlichen Transformation ist das Verständnis der Grundprinzipien des Kalenders. Jeder Tag im Tzolkin wird durch eine Kombination aus einer Zahl von 1 bis 13 und einem der 20 Nahuales bestimmt. Diese Kombinationen sollen die kosmischen Energien des Tages ausdrücken, die persönliche und kollektive Erfahrungen prägen können.

Finden Sie Ihr Geburtsnahual:

- Jeder Mensch wird unter einem bestimmten Nahual und einer Zahl geboren, die zusammen eine energetische Signatur darstellen.
- Um Ihren Geburtsnahual zu finden, können Sie eine Tabellenreferenz oder einen Online-Rechner verwenden, die spezifisch für den Tzolkin-Kalender entwickelt wurden.
- Ihr Geburtsnahual bietet Einblicke in Ihre Persönlichkeit, Ihre Herausforderungen und Ihre Lebensaufgabe.

Selbstbeobachtung in Verbindung mit dem Tzolkin-Kalender:

Das Führen eines Tagebuchs ist eine wirkungsvolle Methode, um die Energien des Tzolkin-Kalenders in Ihr Leben zu integrieren. Notieren Sie täglich die Kombination von Zahl und Nahual und reflektieren Sie darüber, welche Ereignisse, Gedanken, oder Emotionen an diesem Tag besonders präsent waren. Über die Zeit werden Sie Muster erkennen, die Ihnen helfen können, die Energien des Kalenders besser zu verstehen und anzuwenden.

Zeremonien und Rituale:

Zeremonielle Praktiken sind ein wesentlicher Bestandteil der Maya-Tradition und können eine kraftvolle Weise sein, die Energien des Tzolkin-Kalenders zu kanalisieren. Diese Rituale können so einfach wie das Anzünden einer Kerze oder so aufwändig wie das Abhalten einer vollständigen Maya-Zeremonie sein. Wichtige Tage wie der Beginn eines neuen Trecenas (13-Tages-Periode) oder ein persönlicher Krafttag (Geburtstag nach dem Tzolkin) sind besonders geeignet für solche Praktiken.

Integration in die Meditation:

Die tägliche Meditation mit Fokus auf das aktuelle Nahual kann helfen, sich mit der Energie des Tages zu synchronisieren. Visualisieren Sie während Ihrer Meditation das Symbol des Nahual oder rezitieren Sie seine Eigenschaften und Bedeutung. Diese Praxis kann nicht nur Ihre Achtsamkeit stärken, sondern auch Ihre spirituelle Verbindung und Intuition vertiefen.

Austausch mit der Gemeinschaft:

Der Tzolkin-Kalender lebt auch von der Interaktion und dem Austausch innerhalb der Gemeinschaft. Teilen Sie Ihre Erfahrungen und Einsichten mit einer spirituellen Gruppe oder in Online-Foren. Der kollektive Austausch kann Ihre Perspektive erweitern und Sie auf Ihrem Weg der Transformation unterstützen. Die Maya glaubten fest an die Kraft der Gemeinschaft, und in der modernen Welt können wir durch digitale Netzwerke ähnliche starke Verbindungen schaffen.

Langfristige Planung und Ziele:

Neben der täglichen Anwendung kann der Tzolkin-Kalender auch zur langfristigen Planung verwendet werden. Setzen Sie persönliche oder berufliche Ziele in Übereinstimmung mit den energetischen Zyklen des Tzolkin. Bestimmte

Nahuales sind besonders förderlich für Neuanfänge, während andere optimal für Reflexion und Heilung sind. Indem Sie Ihre Aktivitäten entsprechend planen, können Sie die natürliche kosmische Unterstützung maximieren.

Die Nutzung des Tzolkin-Kalenders geht weit über die bloße Bestimmung von Tagen hinaus. Sie ist ein Weg zur tiefen Selbstentdeckung und spirituellen Transformation. Indem Sie die Energien des Tzolkin in Ihr Leben integrieren, können Sie nicht nur ein besseres Verständnis für sich selbst entwickeln, sondern auch eine harmonischere und erfülltere Existenz führen. Das Bewusstsein über die zyklische Natur der Zeit, wie sie im Tzolkin verkörpert ist, kann Ihnen helfen, in Einklang mit den Rhythmen des Universums zu leben und Ihr volles Potenzial zu entfalten.

Die Bedeutung der Maya-Zeitenzyklen in der modernen Astrologie

Die Zeitenzyklen des Maya-Kalenders und die moderne Astrologie sind zwei Systeme der Zeitmessung und der spirituellen Navigation, die sich auf den ersten Blick unterscheiden mögen, aber bei genauerer Betrachtung frappierende Gemeinsamkeiten und komplementäre Aspekte aufweisen. Während die Astrologie auf der Beobachtung und Deutung von Himmelskörpern und ihren Positionen basiert, stützt sich der Maya-Kalender auf Zyklen und Energien, die tief in der kosmologischen und spirituellen Tradition der Maya verwurzelt sind. Diese beiden Disziplinen können einander bereichern und eine tiefere Einsicht in unser persönliches und kollektives Bewusstsein ermöglichen.

Die Maya-Zeitenzyklen, insbesondere der Tzolkin oder der heilige Kalender, bestehen aus einer Serie von 260 Tagen, die in 20 Perioden zu je 13 Tagen unterteilt sind. Jeder Tag innerhalb dieses Kalenders trägt eine spezifische Energie, die durch Kombination der 20 Day Lords (Nahuales) und der 13 Zahlen oder Töne entsteht. Diese Energien bieten einen einzigartigen Rahmen für die spirituelle Entwicklung und können uns helfen, die Rhythmen des Universums besser zu verstehen und in Einklang mit ihnen zu leben.

In der modernen Astrologie hingegen basiert die Zeitmessung und Deutung auf den zwölf Tierkreiszeichen und den Planetenbewegungen innerhalb des Jahreszyklus. Astrologen analysieren die Positionen von Sonne, Mond und Planeten, um individuelle Horoskope zu erstellen, die Einblick in persönliche Eigenschaften, Herausforderungen und Lebensrichtungen bieten. Die astrologische Praxis berücksichtigt den Einfluss dieser Himmelskörper auf menschliche Erfahrungen und ermöglicht eine tiefgehende Auseinandersetzung mit unseren inneren und äußeren Welten.

Die Verbindung zwischen den Maya-Zyklen und der modernen Astrologie kann eine erstaunliche Synthese bilden. Beide Systeme erkennen die zyklische Natur der Zeit und die Bedeutung wiederkehrender Muster in unserem Leben an. Während die Maya-Zeitenzyklen oft als zeitliche und energetische Matrix betrachtet werden, die unser Leben auf einfache oder subtile Weise beeinflusst, bietet die Astrologie eine komplexere, auf den Himmel konzentrierte Perspektive.

Ein Beispiel für die Integration der Maya-Zyklen in die astrologische Praxis könnte darin bestehen, den Tzolkin-Kalender zur Ergänzung astrologischer Deutungen zu verwenden. Ein astrologisches Geburtshoroskop kann durch die Einbeziehung des Tzolkin-Tages, an dem jemand geboren wurde, weiter vertieft werden. Wenn zum Beispiel jemand im Zeichen des Widders geboren ist, könnte man zusätzlich die Energien des Maya-Tageslords und der Zahl seines Geburtstags analysieren, um ein differenziertes Bild der Person und ihrer Herausforderungen zu erhalten.

Ein traditioneller Maya-Astrologe könnte diese komplexe Berechnung durchführen und eine persönliche Lebenskarte erstellen, die sowohl die spirituellen Energien des Maya-Kalenders als auch die planetarischen Einflüsse der westlichen Astrologie umfasst. Diese kohärente Zusammenführung ermöglicht es, zielgerichtete spirituelle und persönliche Wege zu entwickeln, die sowohl die täglichen Energien als auch langfristige planetare Zyklen berücksichtigen.

Es ist ebenfalls faszinierend zu beobachten, wie die Konzepte von „Übergängen" und „Transformationen" in beiden Systemen eine zentrale Rolle spielen. In der Maya-Tradition sind die Übergänge zwischen den großen Baktun-Zyklen besonders bedeutsam, da sie Transformationen in großem Maßstab ankündigen. Die westliche Astrologie hingegen legt großen Wert auf planetare Aspekte und Transite, die ebenfalls als Zeiten intensiver Veränderung und persönlicher Weiterentwicklung betrachtet werden. Ein Beispiel dafür ist die von vielen Menschen intensiv erlebte Rückläufigkeit des Merkur, die zwar astrologischen Ursprungs ist, aber ein Konzept darstellt, das sich durchaus auch in den Maya-Zyklen wiederfinden könnte, wenn man es aus der

Perspektive von Übergangszeiten und zyklischen Denkweisen betrachtet.

Die Maya-Zeitenzyklen und die Astrologie bieten jeweils ihre eigenen, unverwechselbaren Werkzeuge und Weisheiten, doch in ihrer Kombination liegt ein enormes Potenzial, eine ganzheitliche Sichtweise auf unsere Existenz und die Geschehnisse um uns herum zu erlangen. Indem man die zyklische Weisheit der Maya und die planetarischen Muster der Astrologie integriert, entsteht ein reichhaltiges und tiefes Verständnis unserer spirituellen und materiellen Realität.

Im praktischen Alltag kann dies bedeuten, dass man sich tägliche Rituale oder Meditationen schafft, die auf den Energien des jeweiligen Tzolkin-Tages basieren, und diese mit astrologischen Reflexionen über aktuelle planetare Einflüsse kombiniert. Dies könnte beispielsweise durch eine morgendliche Achtsamkeitsübung geschehen, bei der man sich sowohl der heutigen Nummer und des Day Lords im Tzolkin-Kalender als auch der momentanen astrologischen Transite bewusst wird. Eine solche Praxis fördert nicht nur ein tieferes Bewusstsein für die alltäglichen energetischen Strömungen, sondern unterstützt auch eine größere

Verbindung zu den übergeordneten Rhythmen und Zyklen, die unser Leben prägen.

Abschließend lässt sich festhalten, dass die Maya-Zeitenzyklen in der modernen Astrologie durch ihre reiche Symbolik und ihre tiefgehende spirituelle Weisheit eine bedeutende Bereicherung darstellen können. Durch eine Synthese dieser beiden faszinierenden Systeme können wir ein umfassenderes Verständnis der Zeit und unserer eigenen Reise durch sie gewinnen.

Wissenschaft trifft Spirit: Neue Forschungen und Erkenntnisse

- Die Astronomischen Grundlagen des Maya-Kalenders: Eine wissenschaftliche Überprüfung

Die astronomischen Grundlagen des Maya-Kalenders sind ein faszinierendes Zusammenspiel von Himmelsbeobachtungen und präziser Mathematik, die in der Lage war, bestimmte kosmische Zyklen auf eine sehr exakte Weise zu berechnen und vorherzusagen. Die Maya verwendeten den Kalender nicht nur zur Festlegung von Feiertagen und religiösen Ritualen, sondern auch zur Bestimmung der optimalen Zeit für landwirtschaftliche Aktivitäten und wichtige politische Entscheidungen.

Die grundlegende Grundlage des Maya-Kalenders ist das Verständnis der himmlischen Bewegungen. Die Maya waren außergewöhnliche Beobachter des Nachthimmels. Durch das Studieren der Bahnen von Sonne, Mond,

Planeten und Sternen konnten sie Zyklen identifizieren, die für ihre Zeitrechnung wesentlich waren. Eine der bemerkenswertesten ihrer astronomischen Leistungen ist die Berechnung der sogenannten "Längerfristigen Zyklen".

Sonnenlauf und Jahreszyklus

Einer der zentralen Zyklen im Maya-Kalender ist der Sonnenjahr-Zyklus, auch bekannt als das Haab. Dieser Zyklus umfasst 365 Tage und ist in 18 Monate zu je 20 Tagen sowie einem zusätzlichen Monat von 5 Tagen aufgeteilt. Diese 5 zusätzlichen Tage, genannt "Wayeb", gelten als eine Übergangszeit voller Ungewissheit und wurden oft mit spezifischen Riten und Zeremonien begleitet, um Unglück zu vermeiden.

Der Haab unterscheidet sich von unserem heutigen gregorianischen Kalender durch das Fehlen eines Schalttages. Obwohl dieser Unterschied eine relativ kleine Diskrepanz ergibt, ist es dennoch bemerkenswert, dass die Maya auch den Sonnenlauf auf das Jahr genau berechnen konnten.

Der Zyklus des Mondes

Ebenso wichtig wie der Sonnenlauf war auch der Mondkalender der Maya, der als "Lunar Series" bekannt ist. Diese Serie umfasst 29 bis 30 Tage pro Monat und ist mit den synodischen Mondphasen synchronisiert - also mit dem Zeitraum, der zwischen zwei aufeinanderfolgenden Neumonden liegt. Die Genauigkeit der Maya-Berechnungen in Bezug auf die Mondphasen ist in der Tat beeindruckend und sie wussten sogar, dass es Unterschiede zwischen dem durchschnittlichen Mondmonat (29.53059 Tage) und dem siderischen Monat (27.32166 Tage) gibt.

Venuszyklus

Der Venuszyklus nimmt einen besonderen Platz im Maya-Kalender ein. Die Maya waren besonders fasziniert von der Bewegung der Venus. Die Beobachtung und Aufzeichnung der Venuszyklen war für sie so wichtig, dass sie einen eigenen Kalender dafür entwickelten. Der synodische Zyklus der Venus - die Zeitspanne zwischen zwei aufeinanderfolgenden gleichen Stellungen der Venus - beträgt ungefähr 584 Tage.

Die Maya verknüpften den Venuszyklus mit ihren kriegsführenden Aktivitäten. Es gibt Hinweise darauf, dass Kriegserklärungen und -aktivitäten oft mit spezifischen Phasen des Venuszyklus übereinstimmten, da sie glaubten, dass Venus-Regentschaften bestimmte Zeiträume mit Macht, Unglück oder göttlichem Willen verstärkten. Eine bemerkenswerte Quelle für unser Wissen über den Venuszyklus der Maya ist das Dresden-Kodex, das astronomische Tabellen enthält, die die Bewegungen der Venus im Detail beschreiben.

Weitere planetarische Zyklen

Während die Sonne, der Mond und Venus die am detailliertesten dokumentierten Himmelskörper sind, beobachteten und berechneten die Maya auch die Bewegungen von Mars, Jupiter und Saturn. Sie erkannten, dass diese Planeten Zyklen durchlaufen, die sich sowohl gegenseitig als auch mit den irdischen Zeitrahmen verflochten.

Die Präzession der Äquinoktien

Die Präzession der Äquinoktien, ein etwa 25.800 Jahre langer Zyklus, der durch die langsam kreisende Bewegung der Erdrotationsachse verursacht wird, war den Maya ebenfalls bekannt - zumindest zum Teil. Dies ist ein weiteres Beispiel für das tiefgehende astronomische Wissen, das diese alte Kultur besaß. Einige Forscher gehen davon aus, dass bestimmte Elemente des Maya-Kalenders, insbesondere der langfristige 13-Baktun-Zyklus, eine bewusste Anpassung an diesen präzessionellen Zyklus darstellen könnten, obwohl dies immer noch ein umstrittenes Thema unter den Wissenschaftlern ist.

Mathematische Präzision und Kalender-Ingenieurskunst

Was die Maya-Kalender jedoch wirklich bemerkenswert macht, ist die mathematische Präzision, mit der diese verschiedenen Zyklen integriert und synchronisiert wurden. Die Komplexität und Genauigkeit, mit der die Maya mathematische Zwischenschaltungen wie das Tun (eine Periode von 360 Tagen) und den Katun (eine Periode von 20 Tunen oder etwa 20 Jahren) nutzten, um Zeit zu messen, ist beeindruckend und zeigt ihre herausragenden mathematischen Fähigkeiten.

Tatsächlich ist die Maya-Zeitmessung ein großartiges Beispiel für die Verbindung von praxisnaher Astronomie und tieferem spirituellem Verständnis. Während der wissenschaftliche Aspekt durch sorgfältige Beobachtungen und Berechnungen geprägt war, war die spirituelle Dimension durch die Rolle, die diese Zyklen im Leben der Maya spielten, allgegenwärtig.

Fazit

Die astronomischen Grundlagen des Maya-Kalenders zeugen von einer beeindruckenden Verbindung zwischen Wissenschaft und Spiritualität. Die Fähigkeit der Maya, die

Bewegungen des Himmels so präzise zu beobachten und zu berechnen, zeigt ihre tiefe Verbindung zur Natur und ihrem Verständnis der kosmischen Zyklen. In der modernen Welt bieten uns diese Erkenntnisse nicht nur Einblicke in die wissenschaftlichen Leistungen einer alten Kultur, sondern auch eine Möglichkeit, unser Verständnis von Zeit, Raum und kosmischen Verbindungen zu vertiefen.

- Zeitzyklen und Kosmische Harmonie: Die Verbindung zwischen Astronomie und Spiritualität

Im komplexen Gefüge unserer Realität finden wir immer wieder Hinweise auf eine tiefgreifende Verbindung zwischen den Himmelskörpern und der spirituellen Existenz der Menschheit. Diese Verbindung wurde von alten Kulturen wie den Maya mit bemerkenswerter Präzision und tiefer Weisheit erfasst. In diesem Unterkapitel untersuchen wir die faszinierende Beziehung zwischen den astronomischen Zeitzyklen und der kosmischen Harmonie, wie sie im Maya-Kalender zum Ausdruck kommt, und ihre spirituelle Bedeutung.

Die Maya-Bevölkerung war nicht nur eine Zivilisation, die auf spirituellem Wissen basierte, sondern auch hervorragende Astronomen. Sie schufen den Maya-Kalender, indem sie die Bewegungen der Planeten, der Sonne und des Mondes beobachteten und auf diese Weise Zeitzyklen erfassten, die die Grundlage ihrer kosmischen Harmonie bildeten. Ihre außergewöhnlichen Astronomieaufzeichnungen über Sonnen- und Mondfinsternisse, den Venustransit und andere astronomische Ereignisse haben die Basis für ihren Kalender und, was noch wichtiger ist, ihre spirituelle Praxis geschaffen.

Zentral zu dieser Harmonie ist die Übereinstimmung der Maya-Zeitzyklen mit natürlichen kosmischen Zyklen. Der berühmte Tzolkin-Kalender, bestehend aus 260 Tagen, basiert auf der Dauer der menschlichen Schwangerschaft und reflektiert somit das Lebenszykluskonzept. Die 260 Tage stimmen auch mit bestimmten periodischen Ereignissen am Himmel, wie z. B. der Umlaufbahn des Planeten Venus, überein. Die Maya betrachteten den Tzolkin nicht nur als eine Methode zur Zeitmessung, sondern auch als ein spirituelles Werkzeug, das das Leben, den Tod und die Wiedergeburt regulierte.

Ein weiteres bemerkenswertes Beispiel für die kosmische Harmonie findet sich in der Maya-Sicht auf die Baktun-Zyklen. Der Baktun ist eine Periode von etwa 394,26 Jahren und besteht aus 144.000 Tagen. Im Glauben der Maya symbolisierten diese längeren Zyklen größere kosmische und spirituelle Transformationen. Eine der bedeutendsten Perioden ist der 13. Baktun, der laut den Maya in großen epochalen Veränderungen gipfelt.

Die Maya-Zivilisation glaubte fest daran, dass diese Zeitzyklen verschiedene Energien hervorrufen, die das menschliche Bewusstsein und das spirituelle Wachstum beeinflussen. Sie sahen die Planetenkonstellationen, insbesondere die Position von Sonne, Mond und Venus, als starke Energieströme, die eigene Schwingungen erzeugen und das kollektive Bewusstsein beeinflussen. Diese tiefgehende Wahrnehmung ermöglicht es, im Maya-Kalender eine Integration von Wissenschaft und Spiritualität zu erkennen, was der modernen Interpretation und Anwendung wiederum ermöglicht, das Verständnis für unseren Platz im Universum zu vertiefen.

Darüber hinaus betrachten neuere Forschungen den Maya-Kalender durch das Prisma der modernen Astrophysik und zeigen dabei interessante Parallelen zur Theorie der Präzession der Tag- und Nachtgleichen. Die Präzession, ein Zyklus von etwa 25.920 Jahren, beeinflusst die Ausrichtung der Erdachse und hat messbare Auswirkungen auf das Klima und die astrologischen Einflüsse. Die Maya interpretierten solche großen Zyklen als "Weltalter" oder kosmische Epochen, die durch spektakuläre Naturereignisse begrenzt werden. Die 13 Baktun-Zyklen, die zusammen einen sogenannten „Großen Zyklus" von etwa 5.125 Jahren umfassen, sollen einer dieser bedeutenden Präzessionszyklen darstellen.

Diese tiefe Verbindung zwischen der Maya-Astronomie und ihrer Spiritualität zeigt sich auch in ihren Architekturen, wie in den berühmten Städten Chichén Itzá und Tikal, wo die Bauwerke so ausgerichtet sind, dass sie bedeutende astronomische Ereignisse markieren. Beispielsweise wurde die „El Castillo"-Pyramide in Chichén Itzá so konzipiert, dass sie zur Sonnenwende und zur Tagundnachtgleiche besondere Schattenspiele erzeugt, die die Symbolik der Maya vom zyklischen Wesen der Zeit widerspiegeln.

In der heutigen Zeit, in der wir begonnen haben, die tiefe Verbindung zwischen der Natur und unserer spirituellen Existenz erneut zu entdecken, können wir von den Erkenntnissen der Maya lernen. Sie haben eine Weltanschauung entwickelt, die den Kosmos als ein harmonisches Ganzes betrachtet, in dem jeder Teil des Universums seine Rolle und Bedeutung hat. Diese Sichtweise öffnet Türen zu einem tieferen Verständnis unserer eigenen spirituellen

Entwicklungen und unserer Beziehung zu den Zyklen und Bewegungen des Himmels.

Schlussendlich führt uns eine Untersuchung der Zeitzyklen und kosmischen Harmonie, wie sie im Maya-Kalender zum Ausdruck kommt, zu einer anerkennenden Würdigung des Gleichgewichts zwischen Wissenschaft und Spiritualität. In diesem Zusammenspiel aus Astronomie und spiritueller Praxis liegt eine zeitlose Weisheit, die uns helfen kann, unsere Verbindung zum Universum zu erkennen und unser Leben in Harmonie mit den kosmischen Rhythmen zu leben.

- Aktuelle Studien und Zukünftige Prognosen: Wissenschaftliche Ansätze zur Interpretation des Maya-Kalenders

Die Faszination für den Maya-Kalender hat nicht nur in spirituellen und kulturellen Kreisen weltweit zugenommen, sondern erregt auch die Aufmerksamkeit der wissenschaftlichen Gemeinschaft. Der komplexe und präzise Kalender, der aus einer Vielzahl von Zyklen besteht, bietet eine tiefe Einbettung in Astronomie, Mathematik und Zeitrechnung, die von modernen Forschern intensiv untersucht wird. In den letzten Jahrzehnten hat sich ein lebhafter Diskurs über die Bedeutung und die zukünftigen Implikationen des Maya-Kalenders entwickelt, der sowohl historische als auch zukunftsorientierte Perspektiven umfasst.

Ein zentraler Ausgangspunkt für die wissenschaftliche Annäherung an den Maya-Kalender ist das Verständnis der astronomischen Beobachtungen der Maya. Aktuelle Studien haben gezeigt, dass die Maya über fortschrittliche Kenntnisse der Himmelskörper verfügten und diese präzise zur Berechnung ihrer Kalenderzyklen einsetzten. Beispielsweise stimmte der Maya-Kalender mit einem überraschend hohen Maß an Genauigkeit mit den Bewegungen der Sonne, des Mondes und der Venus überein. Diese Erkenntnisse stützen sich auf umfassende astronomische Aufzeichnungen in kodikalen Manuskripten und auf archäologische Funde wie Observatorien und Tempel, die in präziser Ausrichtung zu astronomischen Ereignissen erbaut wurden.

Eine der bedeutendsten Studien stammt von Dr. Anthony Aveni, einem führenden Archäoastronomen, der die wissenschaftlichen Prinzipien hinter dem Maya-Kalender untersucht hat. Avenis Arbeit hat viele zuvor mystifizierte Aspekte des Kalenders entmystifiziert und nachgewiesen, dass die Maya ihre Kalenderzyklen auf einer Vielzahl von natürlichen und kosmischen Rhythmen basierten. Aveni betont besonders die Bedeutung der "Langen Zählung", ein

Kalenderzyklus von etwa 5.125 Jahren, der eine Art kosmisches Tagebuch der Maya darstellt und ihre Sicht der Geschichte und Zukunft widerspiegelt.

Darüber hinaus hat die Forschung von Dr. E. Wyllys Andrews, einem weiteren renommierten Maya-Forscher, die sozialen und ökologischen Implikationen des Maya-Kalenders beleuchtet. Andrews hebt hervor, dass die Maya nicht nur zeitliche Ereignisse vorhersagten, sondern auch komplexe soziale und landwirtschaftliche Zyklen. Diese Zyklen standen in engem Zusammenhang mit den klimatischen und ökologischen Bedingungen, die die Grundlage für agrarische Planungen und Rituale bildeten. Diese Erkenntnisse eröffnen neue Perspektiven auf die Art und Weise, wie indigene Wissenssysteme mit Umweltfragen umgingen und nachhaltige Praktiken entwickelten.

Von besonderem Interesse sind die wissenschaftlichen Untersuchungen über die Zyklen der Sonne und ihre Korrelationen mit globalen Klimaänderungen. Der Maya-Kalender enthält Hinweise auf Fraktale und zyklische Muster, die moderne Klimawissenschaftler intrigant finden. Forschungen von Dr. Robert J. VandenBroeck zeigen, dass die Maya möglicherweise fortgeschrittene Kenntnisse über Sonnenfleckenzyklen und deren Auswirkungen auf das Erdklima hatten. Seine Studien deuten darauf hin, dass einige der langfristigen Wettervorhersagen im Maya-Kalender tatsächlich auf reale, beobachtbare Muster basieren könnten.

Zusätzlich zu historisch-analytischen Studien gibt es auch zukunftsorientierte Prognosen, die durch den Maya-Kalender inspiriert sind. Moderne Wissenschaftler wie Dr. Lorenzo Fiorenza nutzen Computersimulationen und Datenanalysen, um die Möglichkeit zukünftiger kosmischer Ereignisse vorherzusagen, die im Einklang mit den Maya-Prophezeiungen stehen könnten. Fiorenza argumentiert, dass der Maya-Kalender unschätzbare Einblicke in zukünftige astronomische Ereignisse und deren potenzielle Auswirkungen auf die Erde geben könnte. Diese Prognosen basieren auf fortschrittlichen Algorithmen, die historische Daten mit modernen astronomischen Beobachtungen kombinieren.

Insgesamt ergeben sich aus der aktuellen wissenschaftlichen Forschung und den zukünftigen Prognosen wertvolle Erkenntnisse für die gegenwärtige und zukünftige Nutzung des Maya-Kalenders. Diese Forschung zeigt nicht nur die brillanten mathematischen und astronomischen Fähigkeiten der Maya, sondern liefert auch relevante Daten, die für moderne Umweltwissenschaften, Astronomie und sogar für soziale Planungen von Bedeutung sein könnten. Der Maya-Kalender hat somit nicht nur eine historische und spirituelle Bedeutung, sondern auch einen praktischen Wert, der uns hilft, die gegenwärtige und zukünftige Welt besser zu verstehen.

Die fortlaufenden Entdeckungen und Studien lassen darauf schließen, dass es noch viel mehr über den Maya-Kalender zu lernen gibt. Die interdisziplinäre Forschung, die Ansätze aus der Archäologie, Astronomie, Klimawissenschaft und Sozialanthropologie kombiniert, eröffnet neue Horizonte für das Verständnis dieses antiken Wissens. Die Erkenntnisse tragen dazu bei, eine Brücke zu schlagen zwischen altem Wissen und modernen Wissenschaften und bieten uns einen ganzheitlichen Blick auf Zeit, Raum und unserem Platz im Kosmos.

Der Maya-Kalender für die kommenden Jahre: Ein Ausblick auf die nächsten Dekaden

Die Prophezeiungen der Maya: Analysen und Interpretationen

Die Prophezeiungen der Maya sind seit Jahrhunderten ein Quell der Faszination und des Rätsels. Diese alten Vorhersagen, die tief im Maya-Kalender verwurzelt sind, bieten nicht nur eine beeindruckende Schau auf vergangene Zivilisationen, sondern können auch nützliche Einsichten und Inspiration für unsere heutige Zeit und die kommende Zukunft liefern. Um die Bedeutung dieser Prophezeiungen vollständig zu erfassen, ist es unabdingbar, sie in ihrem kulturellen und historischen Kontext zu analysieren und zu interpretieren.

Kosmische Zyklen und spirituelle Einsichten

Der Maya-Kalender basiert auf der präzisen Beobachtung astronomischer Zyklen. Diese Zyklen spiegeln tiefe kosmische Rhythmen wider, die in den Prophezeiungen eine zentrale Rolle spielen. Die Maya glaubten an die zyklische Natur der Zeit und des Universums, und so sind viele ihrer Prophezeiungen als Wiederholungen bestimmter kosmischer Themen zu verstehen. Die Maya-Prophezeiungen konzentrieren sich auf die energetischen Veränderungen, die mit diesen Zyklen einhergehen, und geben Hinweise darauf, wie man sich am besten auf diese Zyklen einstellen kann.

Die Bedeutung der 13 Baktun

Eine der bemerkenswertesten Einheiten des Maya-Kalenders ist der Baktun, ein Zyklus von etwa 394 Jahren. Das Ende des 13. Baktun am 21. Dezember 2012 markierte eine bedeutende Wende. Während viele die Maya-Prophezeiungen für diesen Zeitpunkt als Prognose einer Apokalypse missverstanden haben, interpretierten die Maya diesen Übergang eher als eine Phase des Wandels und der spirituellen Transformation. Die Prophezeiungen sprechen von einer Zeit des Bewusstseinswandels und der Erneuerung, in der die Menschheit die Möglichkeit hat, eine neue Ära des Friedens und des Gleichgewichts zu betreten. José Argüelles, ein bekannter Maya-Forscher, betont in seinem Werk "The Mayan Factor", dass die Prophezeiungen nicht als Weltuntergang, sondern als Einladung zur Bewusstseinsveränderung zu verstehen sind.

Die Rolle der Ahau Katun

Ein weiteres wichtiges Element der Maya-Prophezeiungen sind die Katuns, 20-jährliche Zyklen, die jeweils mit einem bestimmten Ahau-Tag verbunden sind. Jeder Katun trägt spezifische Energien und Prognosen für gesellschaftliche Entwicklungen. Die Prophezeiungen der Ahau Katun bieten detaillierte Prognosen über ökonomische, politische und umweltbezogene Veränderungen. Sie beleuchten auch moralische und spirituelle Herausforderungen, denen die Gesellschaft gegenübersteht. Dies gibt uns wertvolle Hinweise darauf, wie wir diese Phasen mit Achtsamkeit und Weisheit durchleben können.

Das prophetische Erbe der Chilam Balam

Die Bücher von Chilam Balam, eine Sammlung mystischer Schriften der postklassischen Maya, enthalten zahlreiche Prophezeiungen und wurden oft von Maya-Prästern genutzt, um zukünftige Ereignisse vorherzusagen. Diese Schriften sind besonders wertvoll, da sie die spirituelle Weisheit der Maya mit historischen Ereignissen verweben. Die Propheten oder "Chilams" beschrieben Zyklen von Krieg und Frieden, Wohlstand und Not, und verbanden diese Vorhersagen oft mit der Stellung der Sterne und

Planeten. Eine Interpretation der Texte offenbart eine tiefe Einsicht in die Wechselwirkungen zwischen kosmischen und irdischen Ereignissen.

Nachwirkungen und heutige Interpretationen

Die modernen Interpretationen der Maya-Prophezeiungen variieren stark, doch eine zentrale Botschaft bleibt konstant: Die Notwendigkeit für eine Rückkehr zu einem Leben im Einklang mit der Natur und dem Universum. Viele zeitgenössische spirituelle Lehrer und Forscher, wie Drunvalo Melchizedek und Carl Johan Calleman, sehen in den Maya-Prophezeiungen Aufforderungen zur Entwicklung eines erweiterten Bewusstseins und zur Schaffung harmonischer Gesellschaften. Der Fokus liegt hierbei auf der Bedeutung von innerem Wandel als Voraussetzung für äußere Transformation. Die Prophezeiungen ermutigen uns, die innere Weisheit und die spirituellen Praktiken der Maya in unsere modernen Leben zu integrieren.

Ein Blick in die Zukunft

In Anbetracht der tiefgreifenden Einsichten, die die Maya-Prophezeiungen bieten, ist es essentiell, diese Weisheiten mit Offenheit und Respekt zu betrachten. Der Maya-Kalender lehrt uns, dass wir als Individuen und als Spezies in einem kontinuierlichen Prozess der Transformation stehen. Indem wir diese uralten Prophezeiungen studieren und ihre

Hinweise für die kommenden Jahre und Dekaden annehmen, können wir eine Brücke zwischen vergangenem Wissen und zukünftiger Weisheit schlagen. In den kommenden Dekaden wird es entscheidend sein, die wahren Bedeutungen dieser Prophezeiungen zu verstehen und sie als Leitfaden für eine ganzheitliche und harmonische Zukunft zu nutzen.

Der Einfluss der Maya-Zyklen auf moderne Wissenschaft und Spiritualität

Die uralte Weisheit der Maya und ihre zyklische Zeitrechnung haben, wenn auch subtil, bedeutende Auswirkungen auf unsere moderne Welt. Einer der faszinierendsten Aspekte des Maya-Kalenders ist sein Einfluss auf die moderne Wissenschaft und Spiritualität. Während viele glauben, diese uralten Systeme seien überholt und irrelevant, zeigt sich, dass die Wissenschaft zunehmend Aspekte des Maya-Kalenders als Grundlage für neue Erkenntnisse und spirituelle Praxis heranzieht.

In den letzten Jahren haben sich immer mehr Wissenschaftler und spirituelle Lehrer dem Studium der Maya-Zyklen zugewandt. Was einst als reiner Aberglaube abgetan wurde, wird nun als fortgeschrittene Methodik der Zeitrechnung und Energieanalyse anerkannt. Ein besonders interessanter Bereich ist die Beobachtung der planetarischen Zyklen und ihrer Auswirkungen auf Mensch und Natur, die den Maya bestens bekannt waren. Diese Einsichten bieten überraschende Verbindungen zu modernen wissenschaftlichen Entdeckungen in der Astronomie und Quantenphysik.

Ein bemerkenswerter Aspekt des Maya-Kalenders ist der Tzolkin-Zyklus, ein 260-tägiger heiliger Kalender, der in der spirituellen Praxis zahlreiche Anwendungen findet. Der Tzolkin ist nicht nur ein Zeitmessgerät, sondern auch ein Werkzeug zur Energieanalyse. Jeder Tag im Tzolkin trägt seine eigene Energie, und diese Energie beeinflusst die Menschen auf vielfältige Weise. Moderne spirituelle Praktiken wie Yoga, Meditation und Energiearbeit haben Parallelen zu den täglichen Energien des Tzolkin gefunden, die tiefgreifende spirituelle Erkenntnisse und Heilung ermöglichen.

Wissenschaftler haben inzwischen festgestellt, dass es Parallelen gibt zwischen den 260 Tagen des Tzolkin und bestimmten biologischen Rhythmen im menschlichen Körper. Ähnlich den Forschungsarbeiten von Dr. Alexander Chizhevsky, der die Zusammenhänge zwischen Sonnenaktivität und menschlichem Verhalten aufzeigte, sind die Zyklen des Maya-Kalenders möglicherweise auch in Resonanz mit kosmischen Rhythmen, die wir erst beginnen, vollständig zu verstehen.

Diese Synchronizität zwischen altem Wissen und moderner Wissenschaft deutet darauf hin, dass die Maya über ein fortgeschrittenes Verständnis biologischer und kosmischer Rhythmen verfügten. Es stellt sich heraus, dass ihre Beobachtungen über Sonnen- und Mondzyklen, die Präzession der Tagundnachtgleichen und die Sternenkonstellationen tiefere Bedeutungen haben, als man vorher annahm. Die Verknüpfung dieser zyklischen Phänomene mit den Lebensrhythmen auf der Erde führt zu neuen wissenschaftlichen und spirituellen Perspektiven.

Eine der wichtigsten Entdeckungen ist die Verbindung zwischen dem langen Zählkalender (baktun-Zyklus) und globalen energetischen Verschiebungen. Diese 5.125 Jahre dauernden Zyklen markieren tiefgreifende Übergänge und Transformationen im kollektiven Bewusstsein. Während der Übergang von einem Baktun zum anderen eine Zeit der

Ungewissheit und des Umbruchs darstellen kann, bietet er auch Chancen für tiefgreifende Transformation und spirituelles Wachstum. Moderne spirituelle Bewegungen haben diese Zyklen als Perioden des energetischen Wandels und der Erneuerung angenommen.

In wissenschaftlicher Hinsicht haben Archäologen und Historiker umfangreiche Forschungen durchgeführt, die darauf hindeuten, dass die Maya-Kalenderzyklen einst mit natürlichen und zivilisatorischen Veränderungen korrelierten. Starke Beweise deuten darauf hin, dass bedeutende historische Ereignisse und klimatische Veränderungen oft mit den Enden und Anfängen neuer Baktun-Zyklen übereinstimmen. Diese Erkenntnisse bieten wertvolle Einblicke in die Beziehung zwischen antikem Wissen und heutigen geologischen und gesellschaftlichen Prozessen.

Im Bereich der Spiritualität hat der Maya-Kalender die Praktiken vieler moderner Heiler und schamanischer Traditionen beeinflusst. Durch die täglichen Energien des Tzolkin und die mächtigen Wandlungsprozesse der baktun-Zyklen können spirituelle Lehrer und Heiler tiefere Einsichten in ihre Arbeit integrieren, die sowohl persönliche als auch kollektive Transformation zum Ziel haben. Diese Integration von alten Weisheiten in moderne Praktiken unterstützt eine ganzheitliche Perspektive, die schließlich zu einem harmonischeren Leben führt.

Zusammenfassend lässt sich sagen, dass der Einfluss der Maya-Zyklen auf moderne Wissenschaft und Spiritualität sowohl tiefgründig als auch weitreichend ist. Die Wiederentdeckung und Anwendung dieser alten Weisheit bietet eine Brücke zwischen Vergangenheit und Gegenwart, zwischen Wissenschaft und Spirit, und öffnet Türen zu neuen Bewusstseinsebenen. In einer Welt, die beständig nach Harmonie und Verständnis strebt, ist der Maya-Kalender ein zeitloser Lehrer, der uns lehrt, die Ordnung und den Rhythmus des Kosmos zu ehren und im Einklang mit den wahren Energien unseres Universums zu leben.

Kulturelle und energetische Veränderungen im Kontext der Maya-Kalenderzyklen

Im Einklang mit den Zyklen des Maya-Kalenders leben bedeutet, in tiefem Bewusstsein und Resonanzerfahrungen mit den kulturellen und energetischen Strömungen unseres Planeten zu bleiben. Die außergewöhnliche Präzision, mit der die Maya ihre Kalenderzyklen berechneten, erlaubt es uns, die kommenden Jahre und Dekaden durch ihre Linse zu betrachten und dadurch kulturelle und energetische Veränderungen besser zu verstehen und zu antizipieren.

Der Maya-Kalender, insbesondere der *Long Count*, hilft uns, größere Perioden in der menschlichen Geschichte in Zyklen zu unterteilen. Diese Zyklen, bestehend aus *Baktuns* (jeweils 144.000 Tage oder etwa 394,26 Jahre), sind nicht nur Zeitmaßeinheiten, sondern auch Phasen energetischer Qualität und kultureller Transformation. Im Kontext der Maya-Kalenderzyklen können wir die verschiedenen Stadien des kollektiven Bewusstseins, Wetterveränderungen und sogar technologische Fortschritte besser nachvollziehen.

Kulturelle Transformationen im Zeitalter der Information

Der Übergang von einem Baktun zu einem anderen wird oft als ein fundamentales Reset oder eine Erneuerung angesehen. So wie die Ankunft des 13. Baktun am 21. Dezember 2012 von vielen fälschlicherweise als das Ende der Welt interpretiert wurde, so wird es vielmehr als Beginn eines neuen Bewusstseinszeitalters verstanden. In den kommenden Dekaden wird sich die Menschheit weiter in Richtung einer integrierteren globalen Gemeinschaft entwickeln, mit Betonung auf gemeinsames Wissen, Technologie und Nachhaltigkeit.

Bereits jetzt sehen wir deutlich, dass kulturelle Veränderungen Hand in Hand mit technischen Fortschritten gehen. Das Informationszeitalter, geprägt durch das Internet und die weltweite Vernetzung, hat eine Revolution in der Art und Weise eingeläutet, wie wir Kultur, Wissen und Gemeinschaft verstehen. Diese kollektive Bewegung zu größerem Wissen und Verständnis entspricht der Vereinheitlichung, die die Maya in bestimmten Phasen ihrer Kalenderzyklen beschrieben haben.

Die Rolle der Energiezentren und das Erwachen des Bewusstseins

Ein weiteres wichtiges Element, das die Maya betonten, ist die energetische Qualität jeder Zeitspanne. Während bestimmte Perioden als Zeiten des Aufstiegs und der Erneuerung angesehen werden, gelten andere als Phasen des Rückzugs und der Reflexion. Dies steht im Einklang mit dem Konzept der *nahuales*, der energetischen Schutzgeister oder Kräfte, die entsprechen den Tagen und Perioden des Maya-Kalenders.

Im neuen Zyklus nach 2012 wird erwartet, dass sich diese Energien verstärken und neue Energiezentren auf unserem

Planeten erwachen. Diese Energiezentren, die oft als Chakren der Erde bezeichnet werden, werden eine bedeutende Rolle bei der Wiederverbindung der Menschheit mit der Natur und dem größeren kosmischen Bewusstsein spielen. Orte wie der Amazonas, Tibet und Teile von Afrika könnten in diesem Kontext als *Hotspots* für spirituelle Erneuerung und Heilung fungieren.

Gemeinschaft und Zusammenarbeit im neuen Zyklus

Die kommenden Jahre und Dekaden werden voraussichtlich von einer verstärkten Betonung auf Gemeinschaft und Zusammenarbeit geprägt sein. Angesichts globaler Herausforderungen wie Klimawandel, soziale Ungleichheit und geopolitische Spannungen wird es eine kollektive Bewegung hin zu mehr kooperativem Verhalten geben, geleitet vom Verständnis, dass die Einheit als Menschheit entscheidend ist.

Die Maya lehrten, dass wahre Transformation aus dem Verständnis und der Integration von Zyklen kommt. So wie die Zyklen des Maya-Kalenders unsere Vergangenheit prägen, formen sie auch unsere Zukunft. Durch die erneuerte Wertschätzung dieser alten Weisheit können wir lernen, in Harmonie mit den natürlichen Rhythmen unseres Planeten und des Universums zu leben.

Visionen für die Zukunft und spirituelle Aufstiegsprozesse

Die kommenden Dekaden könnten auch eine Zunahme spiritueller Aufstiegsprozesse erleben, welche die Maya als wichtige Aspekte ihres Kalenderverständnisses ansahen. Individuen und Gruppen werden wahrscheinlich bemerken, dass ihre Bewusstseinserfahrungen intensiver und tiefer werden, beeinflusst durch die energetischen Veränderungen der globalen und kosmischen Zyklen.

Rituale und Zeremonien, die mit den Maya-Kalenderzyklen synchronisiert sind, könnten ein Mittel sein, diese Veränderungen zu maximieren und zu integrieren. Praktiken wie Meditation, Atemarbeit und energetische Heilung werden wahrscheinlich an Bedeutung gewinnen und weit verbreitet werden, da immer mehr Menschen intuitiv das Bedürfnis verspüren, sich mit diesen uralten Weisheiten und Techniken zu verbinden.

Zusammenfassend lässt sich sagen, dass der Maya-Kalender uns nicht nur ein Verständnis der Zeit, sondern auch einen tiefen Einblick in die kulturellen und energetischen Veränderungen bieten kann, die die kommenden Jahre und Dekaden prägen werden. Durch die Anwendung seines

Wissens und die Reverenzierung dieser Zyklen können wir als Individuen und als globale Gemeinschaft unseren Weg in eine harmonischere und bewussteren Zukunft navigieren.

www.ingramcontent.com/pod-product-compliance
Lightning Source LLC
LaVergne TN
LVHW091323150826
845673LV00006B/1744

9783384259110